AF609214

Est-il possible… ?
Publié par Les ministères Paroles d'Espoir, Longueuil, Canada

Mise en page : Marie Blanchard
Conversion ePub et Mobi : marieBdesign
Couverture : Guylaine Tardif
Photographie de la couverture : Mélodie Hoareau – instantdunevie.com
Coordination éditoriale : Methodia

Dépôt légal — 3e trimestre 2013
Bibliothèque et Archives nationales du Québec
Bibliothèque et Archives Canada

ISBN 978-2-9816678-4-7 (imprimé) | ISBN 978-2-9808883-5-4 (ePub)

EST-IL POSSIBLE... ?

LORSQUE LA **SCIENCE** ET LA **FOI** SE RENCONTRENT

Stéphanie Reader, Ph.D.

Ma profonde reconnaissance à…

Luc, mon mari, ainsi qu'à nos enfants, Philippe et Jérémie pour leur amour, leur patience, leur encouragement et leur compréhension pendant toutes ces journées passées à rédiger. Vous avez une grande part dans la réalisation de cet ouvrage.

Pasteur Claude Houde, mon excellent éditeur. Grâce à tes nombreux conseils et à ta sagesse, tu as réussi à améliorer ce livre. Merci pour tes paroles d'encouragement et ton soutien lorsque j'en avais besoin. Merci de croire en moi et en ce projet. Tu es une profonde source d'inspiration pour moi.

Dr Benjamin Aguila pour ton aide si précieuse. Merci d'avoir affiné mes propos.

Karina Allepot pour ton excellent travail, ta rigueur, ton professionnalisme et ton enthousiasme dans la réalisation de cet ouvrage.

D[re] Francine Denizeau (1953-2004), chercheuse de renom qui a contribué de façon importante à la collectivité scientifique à titre de présidente du comité de biologie cellulaire du Conseil de recherches en sciences naturelles et en génie (CRSNG), directrice de la maîtrise en chimie, doyenne aux études avancées et à la recherche, et directrice du Centre de recherche en toxicologie de l'environnement (TOXEN), en plus d'être responsable de la création du programme de doctorat en biochimie de l'UQAM. D[re] Denizeau a été ma directrice de thèse. Par ses grandes qualités de chercheuse et de professeure, elle a grandement influencé ma formation scientifique. Je désire l'en remercier.

D[re] Stéphanie Reader, qui a parcouru le chemin de la science à la foi, nous livre un message inspiré et solidement appuyé. Conférencière internationale, dynamique et passionnée, elle dresse un pont entre deux perspectives en apparence opposées.

Christine Caine,
Fondatrice de A21 Campaign, une initiative de lutte contre le trafic humain à l'échelle mondiale

Le livre de D[re] Stéphanie Reader est sensible et sensé, intelligent et engageant. Au-delà d'une rencontre entre la foi et la science, il s'agit d'une réconciliation entre le cœur et la raison !

Denis Morissette, M. Éd.
Prés. Denis Morissette Comunications

À PROPOS DE L'AUTEURE

D^{re} Stéphanie Reader détient un doctorat et un postdoctorat en biochimie de l'Université du Québec à Montréal, spécialisés dans le domaine de la mort cellulaire programmée (*apoptose*). Tout au long de ses études, Mme Reader a obtenu de nombreuses bourses prestigieuses. Elle a reçu la médaille du Gouverneur général du Canada pour la qualité de sa thèse et de son dossier académique. Ses travaux de recherche ont été publiés dans de nombreuses revues scientifiques de haut niveau, évalués par des pairs. En tant que directrice de projet pour une compagnie pharmaceutique, D^{re} Reader a œuvré pendant plusieurs années dans le domaine de la recherche en oncologie. Elle s'est principalement intéressée au développement de traitements contre le cancer de la vessie et de la prostate. Elle a également participé à l'élaboration de brevets pendant ses années de recherche. D^{re} Reader a donné des conférences dans plus d'une quinzaine de pays et a participé à des congrès scientifiques au diapason des dernières découvertes de la science moderne. Elle est aussi conférencière dans le domaine de la bioéthique, professeure associée à la Faculté de théologie et des sciences religieuses de l'Université Laval et membre du corps professoral de l'Institut de théologie pour la francophonie. Elle fait partie de l'équipe pastorale de l'Église Nouvelle Vie de Longueuil où elle est responsable du département des femmes. Elle dirige également le département des femmes de l'Association chrétienne pour la francophonie. Elle est mariée et mère de deux enfants. D^re^ Reader est une femme passionnément scientifique et passionnément croyante.

AVANT-PROPOS

La foi chrétienne et la science sont très souvent perçues comme étant à des pôles opposés, voire des ennemis. Les célèbres conflits historiques entre de brillants hommes de science tels que Copernic, Galilée ou plus récemment Darwin, et les instances religieuses de leurs époques ont sans doute contribué à nourrir ce préjugé encore très répandu de nos jours.

Dans cet ouvrage, j'aimerais vous proposer qu'au contraire, la science et la foi doivent être considérées comme des alliés, et que vouloir les opposer relève d'un raisonnement simpliste et incomplet.

Un des exemples historiques les plus marquants démontrant cette synergie entre la science et la foi a pris place au XVIe siècle au moment de la Réforme protestante. En effet, pour de nombreux historiens, cette réforme chrétienne a grandement contribué à créer un climat d'ouverture d'esprit et d'acceptation de nouvelles idées, favorisant ainsi l'émancipation de la démarche scientifique. C'est dans ce climat et à cette époque que va surgir ce que les historiens appelleront la Révolution scientifique, laquelle posera les fondements de la science moderne telle que nous la connaissons aujourd'hui (héliocentrisme, méthodologie scientifique, notions de gravité et d'inertie, etc.). Par ailleurs, il est intéressant de relever que les principaux acteurs de cette Révolution scientifique étaient aussi de fervents croyants.

Dans ce livre, vous découvrirez également un nombre remarquable de scientifiques, parmi les plus célèbres, qui puisaient dans leur foi chrétienne une source d'inspiration extraordinaire pour découvrir ce que Dieu avait imaginé, créé et ordonné de toute éternité. James Clerk Maxwell, mathématicien et physicien de la prestigieuse Université de Cambridge en Angleterre, en est un illustre représentant, lui qui plaça l'écriteau suivant sur la porte de son laboratoire « *Grandes sont les œuvres du Seigneur ! Tous ceux qui les aiment les étudient* (Psaumes 111.2) ».

Enfin, je souhaite que cet ouvrage vous amène à reconsidérer la relation entre la science et la foi à la lumière de la déclaration du scientifique anglais Francis Bacon : « Dieu est l'auteur de deux ouvrages : le livre de la nature et le livre des Écritures. Ces deux livres sont égaux en dignité et en importance ».

Pourquoi donc vouloir opposer la science et la foi si l'on considère qu'elles ont toutes deux le même auteur ? En d'autres termes, la science s'efforce d'expliquer l'origine et les mécanismes de la vie, tandis que la foi chrétienne propose un sens, un but et une direction pour nos vies. Ma prière pour chacun de vous, alors que vous traverserez les chapitres de ce livre, est que la science, au lieu de demeurer un obstacle, devienne un outil pour découvrir ou approfondir la foi dans le Dieu de la Bible.

Bonne lecture !

Anne-Marie Fay, Ph. D.
Université McGill

PRÉFACE

Ce livre adresse brillamment le dilemme et l'apparente confrontation de la science et de la foi. Ce supposé face à face opposant la connaissance et les écrits de la Bible n'est pas nouveau. Il a été de toutes les époques, mais il semble être à son paroxysme au XXIe siècle. Ce qui est intéressant, c'est que la Bible l'avait prédit. En effet, la Bible décrit deux caractéristiques bien précises de notre époque que nous qualifiions de l'ère moderne. Elle annonce une juxtaposition de deux phénomènes simultanés : d'une part une explosion de connaissances et d'autre part la foi d'un grand nombre qui devient tiède. Pensez-y. Pendant près de trois mille ans d'histoire humaine, la science et les progrès de la connaissance ont été presque nuls. Il y a deux mille six cents ans, la Bible déclarait que dans notre époque, la race humaine connaitrait une stupéfiante accentuation exponentielle du savoir. Les Écritures prédisaient également que, sur une courte période de temps, les hommes, si limités pendant si longtemps dans leurs modes de déplacement (à pied, à cheval, la roue), parcourraient dorénavant la terre et seraient capables de déplacements prodigieux.

Pendant des millénaires, les choses demeurent les mêmes dans les transports, les types d'armements disponibles à l'homme, les modes de communication et pratiquement chaque champ de connaissances mesurable et imaginable.

Soudainement, le XXe siècle voit apparaître des découvertes et développements tels que le moteur, le télégraphe, le téléphone, le train, la voiture, l'avion et les navettes spatiales, l'électricité, les ondes radio, la télévision, l'informatique, l'internet et, en un peu plus d'une centaine d'années seulement, des avancées scientifiques époustouflantes, alors que l'homme explore, découvre et tente d'expliquer les complexités du corps humain et des origines de la vie sur cette planète, en relation avec les galaxies et l'Univers qui l'entourent.

Après des millénaires d'immobilisme scientifique, l'homme fait en un court siècle le bond prodigieux et parfois terrifiant : des déplacements à cheval à la marche sur la lune ; des flèches, épées et mousquets aux armes nucléaires ; des signaux de fumée, aux pigeons voyageurs, à la lettre postée à Facebook, Twitter jusqu'aux indispensables téléphones intelligents !

La Bible avait prédit que, face à cette accentuation phénoménale de la connaissance, l'homme vivrait une période de questionnement, de bouleversement et de

« refroidissement » de la foi. Elle annonçait aussi que la modernité verrait se lever une multitude d'hommes et de femmes à travers le monde qui, face à la complexité et l'immensité de l'Univers que la science leur permet de mesurer et de connaitre, redécouvrirait une foi dynamique et réfléchie en un Dieu créateur.

D^re^ Stéphanie Reader fait partie de cette multitude croissante de scientifiques croyants et non-croyants qui s'interrogent sur ces sujets complexes et passionnants. Cet ouvrage est le fruit de nombreuses années de recherche, de réflexion intègre et passionnée, de rigueur intellectuelle, d'analyse et d'étude approfondies. Vous y découvrirez des centaines de citations fascinantes de certains des scientifiques les plus respectés de notre époque. Elle pose certaines des questions les plus fondamentales communes à l'expérience humaine et offre des pistes de réponses qui méritent une considération honnête, une réflexion objective. J'ai dévoré ce livre qui, je le crois, va devenir une référence pour toute une génération. Je vois des milliers de chrétiens y trouver les éléments de réponses qu'ils attendaient depuis longtemps ainsi que l'articulation d'une foi intelligente et réfléchie en surprenante harmonie avec les plus récentes découvertes et avancements à la fine pointe de la science moderne. Je crois aussi qu'un grand nombre de lecteurs peu informés sur ce que la Bible enseigne vont être ébahis par la pertinence de ce qu'on y trouve. La Bible est le seul livre ancien dont l'auteur est toujours vivant !

C'est un privilège pour moi d'écrire la préface, d'éditer et de publier ce livre de D[re] Stéphanie Reader. Son époux, Luc et elle sont plus que des collaborateurs depuis vingt ans. Ils sont des amis, un couple et des parents que j'admire énormément. Luc est un homme brillant qui se distingue par son intégrité et ses capacités de gestion qu'il a su mettre au service de l'Église. Stéphanie est une femme de science et une chrétienne engagée. Elle est dotée de ce rare alliage de talent de communicatrice et de femme de science chevronnée. Elle a obtenu des prix d'excellence et des mentions d'honneur pour ses recherches postdoctorales sur le cancer, et elle est à la tête d'un mouvement de femmes chrétiennes qui accomplissent ensemble des réalisations humanitaires exceptionnelles. Elle a su déverser dans ce livre plus de vingt ans d'études, d'expérience scientifique, de recherche philosophique et théologique et de travail acharné qui ont produit un ouvrage unique et passionnant. Elle a eu le courage, l'honnêteté intellectuelle et morale, la rigueur scientifique et théologique de poser les vraies questions. Les réponses qu'elle propose, le fruit de son travail, sont fascinantes et produisent ce livre qui va vous faire réfléchir, vous défier et vous inspirer.

Je me réjouis de ces jours dans lesquels nous vivons, où Dieu inspire des hommes et des femmes à vivre et à communiquer avec passion, courage et intégrité, un message qui adresse franchement et intelligemment des enjeux et questionnements vitaux de notre époque.

Est-il possible… que ce livre fasse une différence dans la façon dont vous considérez l'être humain, Dieu, l'Univers, la pertinence du message de la Bible au XXIe siècle et votre perspective sur la science en relation avec la foi ?

Pour avoir la réponse, il faut tourner la page !

Bonne lecture,

Pasteur Claude Houde
Pasteur principal de l'Église Nouvelle Vie
Président de l'Association chrétienne pour la francophonie
Président du conseil d'administration de l'Institut de théologie pour la francophonie

Septembre 2013

TABLE DES MATIÈRES

Chapitre 1

EST-IL POSSIBLE DE CONCILIER SCIENCE ET FOI ?

Cher lecteur, j'aimerais débuter ce livre en vous posant la question suivante : Selon vous, est-il possible d'apprécier, de respecter voire de souscrire à plusieurs données et avancées scientifiques modernes tout en conservant une foi authentique, raisonnée et profonde en un Dieu créateur tout puissant et à l'origine de toutes choses ? Selon moi, et j'espère vous en convaincre à la lecture de ces prochaines pages, la réponse est oui !

Après toutes ces années passées sur les bancs des universités et toutes celles où j'ai côtoyé plusieurs scientifiques à travers le monde, je peux vous assurer que, contrairement à ce qui est parfois véhiculé dans certains cercles de notre société moderne, tous les scientifiques ne sont pas athées. En effet, j'en ai vu plusieurs être tout à fait émerveillés par leurs découvertes, fruit de longues heures parfois de plusieurs mois d'expériences en laboratoire, et être complètement renversés par la grandeur et la perfection d'une simple réaction chimique ou d'une voie de signalisation cellulaire. Qu'il s'agisse de chimistes, de biochimistes, de biologistes moléculaires ou de médecins, j'ai vu plusieurs d'entre eux remercier le ciel lorsque, pour la première fois, ils tenaient dans leurs bras ces êtres si fragiles et parfaits : leurs enfants ou petits-enfants. À cet instant et devant ce miracle de la vie, toutes les années d'études, même au sein des plus grandes universités, trouvent une nouvelle perspective.

Malheureusement, j'ai aussi été témoin de la détresse de scientifiques — parmi lesquels certains ont profondément marqué et influencé ma vie — face à la mort. Ce n'est que lorsqu'ils glissaient vers l'éternité qu'ils considéraient la notion de Dieu. Lorsque la mort nous réclame, nos débats sur la théorie de l'évolution de Darwin s'avèrent dérisoires et ne sont d'aucun ancrage pour l'âme.

J'aimerais vous faire découvrir à quel point la pensée antinomique du savoir et du croire, encore largement répandue au XXIe siècle, relève du préjugé et du cliché. De nombreuses voix issues du christianisme moderne, parmi lesquelles les plus brillants esprits de notre ère, ont combattu cette idée préconçue. À ce propos, **Martin Luther King** a déclaré qu'« Il peut y avoir conflit entre hommes de religion à l'esprit débile et hommes de science à l'esprit fermé, mais non point entre science et religion. Leurs mondes respectifs sont distincts et leurs méthodes différentes. La science recherche, la religion interprète. La science donne à l'homme une connaissance qui est puissance ; la religion donne à l'homme une sagesse qui est contrôle. La science s'occupe des faits, la religion s'occupe des valeurs. Ce ne sont pas deux rivales. Elles sont complémentaires. La science empêche la religion de sombrer dans l'irrationalisme impotent et l'obscurantisme paralysant. La religion retient la science de s'embourber dans le matérialisme suranné et le nihilisme moral[1]. »

Pour faire écho à cet homme qui a marqué l'histoire, j'aimerais à mon tour, à travers cet humble ouvrage, tenter de dissiper ce faux concept opposant la science à la foi. Je tenterai de vous démontrer qu'au contraire, ces deux notions ne sont pas incompatibles. J'ajouterais même que souvent, la science ne fait que confirmer les vérités absolues trouvées dans la Parole de Dieu. Ainsi, bien qu'**Albert Einstein** pensait qu'« il est plus facile de désintégrer un atome qu'un préjugé », je choisis de relever le défi. Mais rassurez-vous, je ne serai pas la première à l'avoir fait.

Tout au long des siècles, de nombreux scientifiques ont affirmé croire fermement au mariage du savoir et de la foi. Plusieurs fondateurs et pionniers du savoir moderne promulguaient une harmonie et une osmose dynamique entre leurs découvertes et l'idée d'un esprit supérieur à l'origine de toutes choses. En voici quelques-uns :

Isaac Newton.

> « Le plus merveilleux système, celui qui contient le soleil, les planètes et les comètes, ne pourrait être issu que de la grande sagesse de la souveraineté d'un être

1. King

intelligent et puissant. Cet être gouverne toutes choses, pas en tant qu'"âme" de ce monde, mais bien comme seigneur de tout et, en raison de sa suprématie, il se doit d'être appelé Seigneur Dieu, Chef universel[2]. »

Wernher von Braun est un des plus grands scientifiques du domaine spatial, fondateur et directeur général de la NASA[3].

« Regarder par cette fenêtre que nous ont donné les vols spatiaux pour contempler les vastes mystères de l'Univers devrait suffire à confirmer notre conviction de l'existence d'un créateur. Il m'est aussi difficile de comprendre le scientifique qui ne reconnaît pas la présence d'une intelligence supérieure responsable de l'existence de l'Univers, que le théologien qui nierait l'avancement de la science[4]. »

Dr Walter Bradley, professeur de sciences à l'Université du Texas A. et M., coauteur du livre *Le mystère des origines de la vie*.

« Les difficultés incommensurables avec lesquelles nous parvenons à trouver des ponts infranchissables, inexplicables entre l'absence de vie et la vie portent à croire qu'on ne pourra vraisemblablement pas trouver de théorie sur le commencement de la vie qui serait issu d'un

2. Strobel, 2004
3. *National Aeronautics and Space Administration*
4. Strobel, 2004

> phénomène spontané ou naturel. Je suis convaincu, comme le sont des centaines de mes collègues les plus estimés, que l'évidence incontestable et absolue conduit chaque chercheur et chaque être humain honnête à reconnaitre qu'une intelligence supérieure est à l'origine de la création de la vie. S'il n'y a aucune explication naturelle et qu'il semble impossible d'en trouver une, je crois qu'il est logique et approprié de considérer une explication surnaturelle. Selon moi, en nous basant sur les évidences dont nous disposons actuellement, il s'agit là de la conclusion la plus raisonnable[5]. »

En plus de simplement reconnaitre la possibilité d'un être suprême contrôlant l'Univers tout entier, de nombreux et illustres hommes de science à qui nous devons d'importantes avancées et percées dans leurs domaines respectifs ont déclaré leur foi dans le Dieu de la Bible.

Permettez-moi de vous en présenter quelques-uns[6] :

Robert Boyle, le père de la chimie moderne.

Iona William Petty, reconnu pour ses travaux en statistiques et économie moderne.

Gregory Mendel, le père de la génétique.

William Thompson (Lord Kelvin), le père de la thermodynamique.

5. Strobel, 2004
6. Mulfinger, 2004

Louis Pasteur, le plus grand nom de la bactériologie.

John Dalton, le père de la théorie atomique.

Blaise Pascal, un des plus grands mathématiciens.

John Ray, naturaliste anglais, parfois surnommé le père de l'histoire naturelle britannique.

Nicolaus Steno, un des plus grands géologues, spécialisé en stratigraphie.

Carolus Linnaeus, le père de la classification biologique.

Georges Cuvier, le fondateur de l'anatomie comparative.

Matthew Maury, le fondateur de l'océanographie.

Thomas Anderson, le pionnier de la chimie organique.

Samuel Morse, l'inventeur du télégraphe et du code Morse.

Sir David Brewster, l'inventeur du kaléidoscope et du stéréoscope à deux lentilles. Ses travaux sur la polarisation de la lumière lui ont valu la Médaille Copley en 1815.

Tous ces brillants hommes étaient non seulement animés d'un amour pour la science, mais d'une foi authentique en Dieu.

À l'opposé, nombreux sont ceux qui, hier comme aujourd'hui, alimentent le préjugé selon lequel avoir la foi, c'est être ignorant, simple d'esprit ou émotionnellement faible. Nous pourrions notamment citer cette déclaration de **Michel Onfray**, docteur en philosophie et adhérant à la pensée athéiste : « Mieux vaut la foi qui apporte la tranquillité d'esprit que la rationalité qui mène à l'inquiétude, même si le prix à payer est celui de l'infantilisme mental perpétuel[7]. »

Réfléchissez-y un instant. Croyez-vous réellement que **Francis Collins**, médecin et généticien chrétien, directeur du *National Institutes of Health (NIH)* de Bethesda, lauréat de la *National Medal of Science*, membre de la *National Academy of Sciences*, celui qui a présidé l'immense projet du décodage du génome humain, est enfermé dans « un infantilisme mental perpétuel » ? Cet homme est décrit par l'*Endocrine Society* comme l'un des scientifiques les plus accomplis de notre temps. Croyez-vous que **William Phillips**, physicien chrétien et récipiendaire d'un prix Nobel, puisse être considéré comme un simple d'esprit ? Pensez-vous sérieusement que **Sir John Houghton**, homme de foi et professeur de physique à Oxford, lauréat d'un prix Nobel, directeur du *British Meteorological Office* et directeur du panel intergouvernemental pour les changements climatiques[8], ait une foi qui soit déconnectée de la réalité ? Considérant le curriculum de ces trois hommes (pour ne citer que ceux-ci), force est d'admettre que nous sommes loin de « l'infantilisme mental ».

7. Lennox, Gunning for God, 2011, *traduction libre*

8. *Intergovernmental Panel for Climate Change (IPCC)*

Lorsque l'on porte un regard objectif sur le lien entre la science et la foi en faisant preuve d'honnêteté intellectuelle, on arrive à une conclusion qui diffère de la déclaration de **Michel Onfray** comme de celle de bien d'autres athées. Pourtant, dans notre culture et notre société francophone moderne, le courant de pensée le plus répandu est encore celui qui oppose la science à la foi, souvent à cause d'un manque tragique de connaissance ou d'honnêteté.

En commençant ce chapitre, je vous ai demandé s'il est possible de concilier la science et la foi. J'espère déjà avoir suscité en vous une esquisse de réflexion. Toutefois, si je vous posais la même question, mais en inversant les mots : Est-il possible de concilier la foi et la science ? Que me répondriez-vous ?

Certains croyants considèrent les récentes découvertes scientifiques comme une éventuelle menace à leur foi. Lorsqu'une explication rationnelle est trouvée à l'origine et aux règles de l'Univers, ils se sentent intimidés ou menacés. Face aux avancées scientifiques qui permettent d'expliquer des phénomènes physiques, plusieurs ont l'impression que leur conception de Dieu rétrécit au fur et à mesure que la connaissance progresse. Ces croyants se sentent obligés d'attaquer la science pour « faire de la place » à Dieu. Cela cause des prises de position qui parfois manquent de fondements factuels et peuvent même contredire des avancées scientifiques largement acceptées, fermant malheureusement la porte à la poursuite d'un dialogue constructif avec ceux qui ne considèrent pas la possibilité d'une participation divine dans le processus de création.

Pour beaucoup de chrétiens, reconnaitre et considérer comme crédibles les avancées et données scientifiques revient à diluer la foi et à diminuer la conception d'un Dieu grand et tout-puissant. Au contraire, plus nous approfondissons nos connaissances, plus nous découvrons l'infinie grandeur du Dieu créateur. Dieu n'a pas besoin d'être défendu. Une de mes citations préférées est celle du célèbre pionnier de la microbiologie, **Louis Pasteur,** à savoir que : « Un peu de science nous éloigne de Dieu, mais beaucoup nous y ramène ». Ces paroles sont tellement véridiques. Puisque Dieu a créé l'Univers avec magnificence et perfection, l'étude du fonctionnement de la nature ne fait que nous offrir une démonstration concrète de sa puissance, de sa sagesse et de sa création. Cela ne diminue en rien sa divinité. Les lois qui régissent l'Univers ne sont que des poèmes en son honneur. N'est-ce pas là une façon intéressante de voir les choses ?

En effet, les lois naturelles à la base du fonctionnement de l'Univers ont été instaurées par le créateur de l'Univers. Elles sont universelles, prédictibles, compréhensibles et ont été créées avant la fondation du monde. En y réfléchissant, il est fascinant de constater que toutes les lois qui régissent l'Univers ont été parfaitement programmées avant même qu'il y ait un embryon d'Univers. Un passage biblique énonce clairement ce phénomène : *Les perfections invisibles de Dieu, sa puissance éternelle et sa divinité, se voient comme à l'œil nu, depuis la création du monde...*[9] Ces lois décrivent comment Dieu agit. Dieu n'est

9. Romains 1.20

absolument pas absent des évènements que nous pouvons expliquer scientifiquement. Il en est le grand concepteur! Vous conviendrez que Dieu a pleine autorité. Il a le pouvoir d'agir en dehors des lois naturelles. On qualifie ces actes d'interventions divines ou de miracles.

Pour plusieurs athées, le fait de pouvoir expliquer certains phénomènes physiques présents dans le processus de la création de l'Univers ou de l'origine de la vie donne le droit d'exclure complètement la présence d'un être suprême voire d'un Dieu créateur. Selon **Julian Huxley,** biologiste britannique, grand défenseur de l'eugénisme[10] et de l'évolution: « La Terre n'a pas été créée, elle a évolué. Il en a été de même pour tous les animaux et les plantes qui l'habitent, y compris les êtres humains, esprit, âme, cerveau et corps[11]. » Cette déclaration mérite réflexion. Ne faut-il pas avoir été créé avant d'évoluer?

Si je vous demandais: est-ce Dieu ou la nature qui a créé le Grand Canyon? Il serait farfelu de déclarer que le Grand Canyon a été créé tel quel. Et vous vous exposeriez au ridicule si vous proclamiez que Dieu a créé le Grand Canyon instantanément et que depuis lors, il n'a pas changé ni évolué. Si vous vous y connaissez un peu en géologie, vous savez que ce chef d'œuvre de la nature a été façonné pendant deux milliards d'années, témoignage grandiose de la puissance de la nature. Lentement, l'eau, le vent, les variations de température et les forces telluriques ont contribué à édifier cette

---

10. *Eugénisme: Théorie cherchant à opérer une sélection sur les collectivités humaines à partir des lois de la génétique. Tiré du dictionnaire français Larousse.*

11. Johnson, 2003

architecture majestueuse. Mais qui détient cette capacité, ce pouvoir de transformer la nature si ce n'est Dieu ? Le fait que cette merveille géologique soit issue du processus naturel n'enlève rien à Dieu, au contraire, cela ne fait que nous révéler une partie de sa grandeur et de sa splendeur.

Certains croient à tort que le fait de comprendre et d'acquiescer aux mécanismes naturels reconnus diminue notre reconnaissance du pouvoir créateur de Dieu. Dieu n'est pas en compétition avec les phénomènes naturels. Il en est plutôt le grand architecte. Lorsqu'**Isaac Newton** a découvert qu'une loi simple pouvait expliquer à la fois la chute libre des objets vers le sol et les orbites des planètes autour du soleil par une formule[12], il pensait que l'universalité et la simplicité de cette loi étaient une preuve de l'existence d'un concepteur de l'Univers. Selon lui : « Les relations merveilleuses existant entre le soleil, les planètes et les comètes ne peuvent exister que selon un plan et les instructions d'un être omniscient et omnipotent...[13] » La compréhension de cette loi naturelle n'a pas dilué la conception qu'**Isaac Newton** se faisait de Dieu. Cela a plutôt servi à faire grandir sa foi. Pourquoi en serait-il autrement pour nous ?

Je conclurais ce chapitre par deux citations du célèbre récipiendaire du prix Nobel de physique de 1921, **Albert Einstein** :

> « La science ne peut être créée que par ceux qui aspirent profondément à la vérité et à la compréhension.

---

12. Formule de la force gravitationnelle : $\frac{G M_1 m_2 G M}{r^2}$

13. Science et foi

> Toutefois, ce sentiment intrinsèque provient de la religion. La foi que le monde qui nous entoure peut être décrit de façon rationnelle, c'est-à-dire compréhensible par la raison, relève aussi de la religion. Je ne peux pas imaginer un scientifique sans cette foi profonde. La phrase suivante traduit bien la situation : la science sans la religion est boiteuse, la religion sans la science est aveugle[14]. »

> « Tous ceux qui abordent la recherche scientifique avec tout le sérieux que cela exige finissent par être convaincus qu'il est indéniable qu'un esprit intervient dans les lois de l'Univers, un esprit immensément supérieur à celui de l'homme et en face duquel nous, avec nos limites, devons éprouver une saine humilité. En cela, la recherche scientifique éveille un sentiment religieux particulier qui n'a rien à voir avec la religiosité d'une personne naïve[15]. »

Alors, voulez-vous débattre avec Einstein ? À la question de savoir s'il est possible de concilier la science et la foi, je réponds oui ! Et vous ? Je vous invite à lire la suite avant de tirer une conclusion.

---

14. Lennox, 2011, *traduction libre*
15. *Ibid.*

CHAPITRE 2

EST-IL POSSIBLE QUE LA THÉORIE DU BIG BANG SOIT COMPATIBLE AVEC CE QU'ENSEIGNE LA BIBLE ?

Avant de répondre à cette question, certaines précisions méritent d'être apportées. En effet, nous devons toujours faire preuve de prudence lorsque nous nous servons de la Bible pour répondre à des questions relatives à la science moderne. Premièrement, il est impératif, et ce en tout temps, de comprendre le contexte dans lequel un passage biblique a été écrit, ainsi que le style littéraire employé par l'auteur. Un texte hors de son contexte n'est trop souvent qu'un prétexte. De plus, nous devons garder à l'esprit que la Bible est un manuel de vie et non un ouvrage de science. Enfin, il faut se rappeler que les récits bibliques ont été confirmés par plusieurs faits historiques.

Compte tenu de ces postulats, il apparait que les difficultés auxquelles nous pouvons être confrontés en lisant la Bible ne reposent pas sur la source de son inspiration, mais plutôt sur l'interprétation que nous en faisons. C'est notamment ce que **Billy Graham** décrivait dans son livre *Personal Toughts Of A Public Man*[16] :

> « Je ne crois pas qu'il y ait le moindre conflit entre la science d'aujourd'hui et les Écritures. Je pense que nous avons souvent mal interprété les Écritures et que nous avons essayé de leur faire dire ce pour quoi elles n'ont pas été écrites. Je pense que nous avons fait erreur en prétendant que la Bible était un livre de science. La Bible n'est pas un livre de science. La Bible est un livre de rédemption, et bien sûr, j'accepte l'histoire de la création. Je crois que Dieu a créé l'homme. Que cela ait été fait par un processus évolutif et qu'à un certain point, il ait pris cette personne ou être et en ait fait une âme vivante ou pas ne change pas le fait que Dieu a créé l'homme... La manière dont il s'y serait pris ne fait aucune différence dans ce que l'homme est et dans sa relation avec Dieu. »

D'ailleurs, l'histoire des sciences compte plusieurs exemples où une mauvaise interprétation de certains textes bibliques a donné naissance à des théories hâtives qui par la suite se sont avérées erronées. Prenons le modèle géocentrique selon lequel la Terre est immobile au centre de l'Univers. À cette époque de l'Antiquité, la Bible était utilisée comme un manuel de référence par des membres de la communauté scientifique et religieuse. La théorie du géocentrisme a été défendue par **Aristote et Ptolémée**. Mais pour nous aujourd'hui, il est évident que la Terre est ronde et qu'elle

16. Graham, 1997

tourne autour du soleil. Toutefois, le géocentrisme a été longtemps soutenu par l'Église, et ce, jusqu'au XVIe siècle. C'est à cette époque qu'en Pologne, un passionné d'astronomie, **Nicolas Copernic,** avança des idées surprenantes pour ne pas dire révolutionnaires. Selon lui, les planètes tournent autour du soleil (modèle héliocentrique), qui lui-même n'est pas au centre de l'Univers. Malheureusement, son ouvrage *De Revolutionnibus* fut très peu diffusé, car les croyances et positions scientifiques véhiculées par les assises religieuses de l'époque étaient fortement ancrées dans les mentalités, en plus du fait que le modèle proposé manquait de précision. L'Église persécutait ceux qu'elle considérait comme des hérétiques qui tentaient d'apporter d'autres idées que celle qu'elle prônait. Au XVIIe siècle, **Tycho Brahé et Kepler** affinèrent le modèle héliocentrique grâce à des observations plus précises. Ils montrèrent notamment que les planètes décrivent des ellipses et non des cercles. Puis **Galilée** prit le relais. Avec le développement de la lunette astronomique, le modèle héliocentrique prit le dessus sur le géocentrique. Il était plus simple, plus précis. Toutefois, l'Église s'obstinait à promulguer cette théorie obsolète et s'accrochait à la croyance selon laquelle la Terre conserve sa place centrale. Galilée fût condamné à nier ses propos.

Le modèle héliocentrique du système solaire fût critiqué par l'Église catholique comme par certains réformateurs sur la base d'une interprétation littérale de certains versets bibliques, dont le Psaume 93. En effet, à cette époque et avant les travaux exégétiques du XIXe siècle, la dernière partie du verset 1 du Psaume 93 était interprétée et utilisée pour appuyer une cosmologie géocentrique : *Tu as fixé la Terre ferme et immobile.* Une exégèse méthodique mot par mot et expression par expression dans le langage original révèle le sens suivant pour ce passage : « Le Seigneur est roi, drapé de majesté comme d'un vêtement, entouré de force comme d'une ceinture. La Terre est donc ferme, elle tiendra bon ». Il est évident qu'ici, les intentions du psalmiste n'étaient absolument pas de nous décrire la place de la Terre dans le cosmos. Ces propos sont d'ordre spirituel et non matériel. Le Psaume 93 nous révèle qu'avec Dieu, la Terre reste ferme, elle n'est pas ébranlée.

Dans le Psaume 104 au verset 5, nous pouvons lire : *Il a établi la Terre sur ces fondements, elle ne sera jamais ébranlée. Tu as fixé la Terre sur ses bases, pas de danger qu'elle en bouge désormais.* Ce passage aussi fût interprété à tort de façon littérale pour appuyer la vision géocentrique de l'Univers. Une fois les observations de **Galilée** confirmées, le Collège romain lui demanda s'il comptait interpréter la Bible afin de la faire correspondre à ses théories !

Aujourd'hui encore, il est possible de prêter aux textes bibliques des intentions qui vont au-delà de celles des auteurs. Toutefois, un autre danger réel existe, c'est celui de sous-estimer, de réduire ce que l'auteur voulait exprimer ou ce que Dieu a inspiré l'auteur à écrire. Certains passages bibliques sont d'une profondeur infinie et donc difficiles à comprendre selon nos seules connaissances actuelles. Comme cela est arrivé à maintes reprises avec l'évolution de la science et les découvertes, au fil des siècles, les nouvelles connaissances sont venues confirmer des déclarations bibliques jusque-là incomprises. Ainsi, le sens de ces textes pourrait nous être révélé au fil des siècles à venir.

Après avoir consciencieusement étudié la science et la Bible, je suis convaincue que plusieurs avancées scientifiques sont incroyablement en accord avec la Bible. Cette opinion est partagée par un grand nombre de scientifiques reconnus à travers le monde.

Concordances entre le récit biblique de la création du monde et les théories scientifiques sur l'origine de l'Univers

Dans les prochaines sections de ce chapitre, j'aimerais vous guider dans une réflexion sur les nombreuses connexions ou corrélations qui existent entre le récit biblique de la création du monde (présenté dans le livre de la Genèse) et les théories et hypothèses scientifiques relatives à l'origine de l'Univers. J'aimerais à nouveau vous rassurer en vous rappelant que de nombreux scientifiques de renommée mondiale reconnaissent également ces concordances. En voici deux exemples :

Philippe Michaut, professeur de biologie à l'Université de Dijon en France, a examiné quelques théories récentes sur l'origine de l'Univers, l'atmosphère primitive et la génétique de l'espèce humaine. Voici sa conclusion :

> « Ces trois exemples nous montrent que la science, même si elle doit souvent se contenter d'hypothèses pour expliquer les origines, se rapproche dans certains de ses modèles et malgré elle, de la vision créationniste présentée par Genèse 1[17]. »

Albert de Lapparent, célèbre géologue français (une institution de formation en géologie réputée porte son nom) déclarait :

> « Si je devais en quarante lignes résumer les acquisitions les plus authentiques de la géologie, je copierais le texte de la Genèse, c'est à dire l'histoire de la création du monde, telle que l'a tracée Moïse[18]. »

Le livre de la Genèse aurait été écrit par Moïse il y a environ 1450 à 1410 ans av. J.-C. Bien que Moïse ait été probablement éduqué par les plus grands érudits de son époque ayant grandi dans la maison de Pharaon, il n'était pas reconnu comme étant un scientifique. Par ailleurs, les connaissances générales de l'époque étaient extrêmement limitées comparativement à aujourd'hui. Pourtant, Moïse a écrit les premiers chapitres de la Genèse avec une exactitude étonnante. Certes, le récit biblique de la création est bref et concis, mais il va sans dire, comme la Bible l'atteste elle-même, que bien plus de choses se sont passées dans ces jours de création que ce que le texte nous rapporte.

---

17. Lennox, Gunning for God, 2011, *traduction libre*
18. Kuen, Le labyrinthe des origines, 2005

Voici comment Moïse a raconté la formation de notre monde[19] :

1. *Au commencement, Dieu créa les cieux et la terre.*

2. *La terre était informe et vide : il y avait des ténèbres à la surface de l'abîme, et l'esprit de Dieu se mouvait au-dessus des eaux.*

3. *Dieu dit : Que la lumière soit ! Et la lumière fut.*

4. *Dieu vit que la lumière était bonne ; et Dieu sépara la lumière d'avec les ténèbres.*

5. *Dieu appela la lumière jour, et il appela les ténèbres nuit. Ainsi, il y eut un soir, et il y eut un matin : ce fut le premier jour.*

6. *Dieu dit : Qu'il y ait une étendue entre les eaux, et qu'elle sépare les eaux d'avec les eaux.*

7. *Et Dieu fit l'étendue, et il sépara les eaux qui sont au-dessous de l'étendue d'avec les eaux qui sont au-dessus de l'étendue. Et cela fut ainsi.*

8. *Dieu appela l'étendue ciel. Ainsi, il y eut un soir, et il y eut un matin : ce fut le second jour.*

9. *Dieu dit : Que les eaux qui sont au-dessous du ciel se rassemblent en un seul lieu, et que le sec paraisse. Et cela fut ainsi.*

10. *Dieu appela le sec terre, et il appela l'amas des eaux mers. Dieu vit que cela était bon.*

---

19. *La Bible, Genèse 1.1-27*

11. *Puis Dieu dit : Que la terre produise de la verdure, de l'herbe portant de la semence, des arbres fruitiers donnant du fruit selon leur espèce et ayant en eux leur semence sur la terre. Et cela fut ainsi.*

12. *La terre produisit de la verdure, de l'herbe portant de la semence selon son espèce, et des arbres donnant du fruit et ayant en eux leur semence selon leur espèce. Dieu vit que cela était bon.*

13. *Ainsi, il y eut un soir, et il y eut un matin : ce fut le troisième jour.*

14. *Dieu dit : Qu'il y ait des luminaires dans l'étendue du ciel, pour séparer le jour d'avec la nuit ; que ce soient des signes pour marquer les époques, les jours et les années ;*

15. *et qu'ils servent de luminaires dans l'étendue du ciel, pour éclairer la terre. Et cela fut ainsi.*

16. *Dieu fit les deux grands luminaires, le plus grand luminaire pour présider au jour, et le plus petit luminaire pour présider à la nuit ; il fit aussi les étoiles.*

17. *Dieu les plaça dans l'étendue du ciel, pour éclairer la terre,*

18. *pour présider au jour et à la nuit, et pour séparer la lumière d'avec les ténèbres. Dieu vit que cela était bon.*

19. *Ainsi, il y eut un soir, et il y eut un matin : ce fut le quatrième jour.*

20. *Dieu dit : Que les eaux produisent en abondance des animaux vivants, et que des oiseaux volent sur la terre vers l'étendue du ciel.*

21. *Dieu créa les grands poissons et tous les animaux vivants qui se meuvent, et que les eaux produisirent en abondance selon leur espèce; il créa aussi tout oiseau ailé selon son espèce. Dieu vit que cela était bon.*

22. *Dieu les bénit, en disant: Soyez féconds, multipliez, et remplissez les eaux des mers; et que les oiseaux multiplient sur la terre.*

23. *Ainsi, il y eut un soir, et il y eut un matin: ce fut le cinquième jour.*

24. *Dieu dit: Que la terre produise des animaux vivants selon leur espèce, du bétail, des reptiles et des animaux terrestres, selon leur espèce. Et cela fut ainsi.*

25. *Dieu fit les animaux de la terre selon leur espèce, le bétail selon son espèce, et tous les reptiles de la terre selon leur espèce. Dieu vit que cela était bon.*

26. *Puis Dieu dit: Faisons l'homme à notre image, selon notre ressemblance, et qu'il domine sur les poissons de la mer, sur les oiseaux du ciel, sur le bétail, sur toute la terre, et sur tous les reptiles qui rampent sur la terre.*

27. *Dieu créa l'homme à son image, il le créa à l'image de Dieu, il créa l'homme et la femme.*

Le professeur de théologie **Karl Heim,** qui était aussi professeur de mathématiques et de sciences, avançait ceci à propos de Genèse chapitre 1: «Ce que l'auteur biblique décrit est le résumé significatif d'une vue d'ensemble de ce qui, d'après les découvertes géologiques, s'est fait sur une durée de plus d'un milliard et demi d'années[20]. »

De nombreux phénomènes associés à la création du monde décrits progressivement dans le texte de Genèse 1 sont énoncés exactement dans le bon ordre d'apparition, en plus de n'être en aucun cas en contradiction avec les données de la science d'aujourd'hui.

Dans son livre *Le labyrinthe des origines*[21], le théologien Alfred Kuen énumère un certain nombre de faits concordants entre les énoncés de la Bible et les connaissances transmises par la science :

1. Il y a eu un commencement (Genèse 1.1) — Il y aura une fin.
2. Le visible provient de l'invisible (Genèse 1.1) — La matière provient de l'énergie.
3. L'ordre d'apparition des vivants suit une ligne proche des vues scientifiques (végétaux, êtres aquatiques, puis terrestres) (Genèse 1.20-26).
4. La stabilité des espèces soulignée dans la Genèse est proche de la propriété de l'invariance mise en valeur par **Jacques Monod,** célèbre biologiste et biochimiste français de l'Institut Pasteur de Paris, lauréat du Prix Nobel de physiologie ou médecine en 1965.
5. L'homme couronne la création (Genèse 1.27), tout comme il est au sommet de la nature.

---

20. Kuen, Le labyrinthe des origines, 2005
21. *Ibid.*

Réfléchissez-y un instant. Comment Moïse a-t-il pu écrire le récit de la création avec autant de précision et une telle justesse ? Laissez-moi vous relater une petite anecdote qui a motivé mes réflexions et mes recherches sur ce sujet. J'ai deux fils. L'un d'eux a 15 ans actuellement et il est particulièrement curieux. Il est doté d'une remarquable vivacité d'esprit. Il pose beaucoup de questions, et ce, depuis qu'il est en mesure de parler. C'est très bien, mais parfois, c'est un peu épuisant. Il y a quelques années, alors que je le bordais, il me fixa avec ces petits yeux bleus, et, sans que je ne m'y attende, il me demanda : « Maman, comment Moïse a pu décrire l'origine du monde comme il l'a fait dans le livre de la Genèse, il n'était pas là ! » J'étais stupéfaite. Je vous avoue que cette simple question exprimée si candidement par un jeune enfant, en plus de me faire sourire, a fait naitre en moi une réflexion.

Tout au long de mes études universitaires, j'ai souvent éprouvé des difficultés à concilier ma compréhension de la science sur l'origine de l'Univers avec le premier chapitre de la Genèse. Je me butais à une interprétation réduite de certains mots du texte. Dès l'instant où j'ai changé d'angle de réflexion, j'ai commencé à trouver plus de concordances que de contradictions avec la science. J'étais ébahie lorsque j'ai réalisé que ce texte qui précède toutes les découvertes scientifiques de l'heure coïncide avec la chronologie des événements de la formation de l'Univers et de l'apparition des règnes végétal, animal et humain. N'est-il pas valable de considérer que ce texte ait été écrit sous inspiration divine ?

En plus de nous présenter avec une remarquable acuité la chronologie des événements conduisant à l'apparition de l'homme, le livre de la Genèse est en parfait accord avec le modèle de l'origine de l'Univers majoritairement retenu par la communauté scientifique. Et oui, l'explication de l'origine de l'Univers selon la théorie du Big Bang correspond étonnamment aux premiers versets du premier chapitre de la Genèse. La foi de certains croyants pourrait être heurtée juste par le fait d'associer le mot Big Bang à la création divine. Pour d'autres, affirmer que la Bible a quoi que ce soit à dire d'intelligent sur l'origine de l'Univers relève du sarcasme. Pourtant, il existe d'étonnantes similitudes entre le premier chapitre de ce livre et la théorie du Big Bang. Surpris ? Je vais tenter de vous en faire la démonstration.

Qu'est-ce que le Big Bang ?

Le Big Bang est un modèle cosmologique dont se servent les scientifiques pour décrire l'origine (le commencement) et l'évolution de l'Univers. Peut-être vais-je en surprendre plusieurs, mais l'idée initiale qui a conduit à l'actuel modèle du Big Bang est attribuable à un théiste. Avant celle-ci, et ce, pendant des siècles, les scientifiques croyaient que l'Univers était éternel et qu'il n'y avait jamais eu de commencement. Ce n'est qu'en 1927 que le chanoine catholique belge **Georges Lemaître** contesta la théorie de l'Univers éternel et qu'il décrivit dans ses grandes lignes l'expansion de l'Univers avant que celle-ci ne soit mise en évidence par **Edwin Hubble** en 1929.

En voulant expliquer l'origine de l'Univers, Lemaître fit une brillante application de la théorie de la relativité d'Einstein à la cosmologie. C'est ainsi qu'il élabora un précurseur à la loi de Hubble en avançant pour la première fois que l'Univers est en expansion. En 1931, il développa son hypothèse de l'atome primitif qui est la base de la théorie du Big Bang. Selon cette hypothèse, l'Univers a commencé à un moment précis et défini : un jour sans veille[22]. À cette époque, personne ne croyait que l'Univers avait eu un commencement. Cette pensée était révolutionnaire. En plus de cela, Lemaître, tout comme **Alexander Friedman,** mathématicien et physicien russe de l'époque, soutenait l'idée de l'Univers en expansion. Lemaître poussa plus loin cette pensée pour faire valoir qu'un événement du type création avait dû avoir lieu au commencement de l'Univers.

Fait intéressant, Einstein se méfiait de ces apports qui lui rappelaient trop la doctrine de la création divine privilégiée par les chrétiens. Pour sa part, **Sir Arthur Eddington,** éminent astrophysicien du début du XXe siècle et professeur de Lemaître à Cambridge, qualifia le travail de ce dernier de solution brillante à un problème en suspens de la cosmologie. Eddington n'arrivait toutefois pas à admettre l'idée de la création. Il affirmait même que philosophiquement, la notion d'un commencement de l'ordre actuel de la nature était répugnante et qu'il aurait aimé trouver une véritable échappatoire...[23]

---

22. *Traduction libre*

23. Lennox, 2011, *traduction libre*

Plus tard, dans les années 1960, un autre scientifique bien connu, **Sir John Maddox,** rédacteur en chef de la célèbre revue scientifique *Nature*, s'opposa tout aussi ardemment à la découverte de preuves additionnelles soutenant la théorie du Big Bang. Pour lui, l'idée d'un commencement était complètement inacceptable, car cela impliquait une origine ultime de notre monde, ce qui donnerait à ceux qui croient en la doctrine biblique de la création une solide justification à leurs croyances.

Admettez qu'il est assez ironique de constater qu'alors qu'au XVIe siècle, la communauté religieuse résistait aux progrès de la science comme si les découvertes scientifiques de l'époque menaçaient leur foi en un être suprême, créateur et initiateur, les modèles scientifiques du XXe siècle, quant à eux, ont aussi été contestés par la communauté scientifique parce qu'à l'inverse, ils pouvaient augmenter la plausibilité de la croyance en Dieu.

L'Univers a eu un commencement

Aujourd'hui, la quasi-unanimité de la communauté scientifique admet que l'origine de l'Univers a un commencement nettement défini à un moment précis. Voilà un important point commun entre la science et la parole de Dieu. Dans Genèse 1.1 il est écrit : *Au commencement, Dieu créa les cieux et la terre…*

J'aimerais attirer votre attention sur les deux premiers mots de ce texte : *Au commencement*. La Bible nous dit qu'il y eut un commencement. Mais jusqu'à il n'y a pas si longtemps, les scientifiques croyaient pouvoir remonter la chaîne des événements. Ils écartaient donc la possibilité que l'Univers ait un commencement abrupt et défini.

Robert Jastrow, astronome et directeur du *Goddard Institute for Space Studies* de la NASA et professeur à l'Université Colombia de New York, a dit que :

> « L'essentiel de certaines conclusions de l'astronomie actuelle revient à attribuer à l'Univers un commencement nettement défini, à un moment donné du temps... À présent, nous voyons comment les preuves astronomiques mènent à la vision biblique de l'origine du monde... Nous, scientifiques, n'avons jamais pensé trouver la preuve d'un commencement abrupt, car, jusqu'à récemment, nous avons toujours si bien réussi à remonter la chaîne de cause à effet dans le temps... Pour un scientifique qui a toujours vécu en croyant au pouvoir de la raison, l'histoire finit comme un mauvais rêve. Il a gravi des montagnes d'ignorance ; il est sur le point de conquérir le sommet le plus élevé. Alors qu'il se hisse sur le dernier rocher, il est accueilli par une bande de théologiens qui y sont assis depuis des siècles[24]. »

Arno Penzias, colauréat du Prix Nobel de physique pour la découverte de l'écho de ces commencements dans le rayonnement thermique cosmologique, souligne : « Les meilleures données dont nous disposons sur le Big Bang sont exactement celles que j'aurais prédites en n'ayant

24. Kuen, Le labyrinthe des origines, 2005

pour sources que les cinq livres de Moïse, les Psaumes et la Bible dans son ensemble[25]. » Par conséquent, conclut le mathématicien **John Carson Lennox,** on pourrait considérer le modèle standard (du Big Bang) développé par les physiciens et les cosmologues comme une interprétation scientifique des sous-entendus compris dans la phrase « au commencement, Dieu créa la terre et les cieux[26] ».

La science affirme que l'Univers a été créé à partir d'une source initiale d'énergie. La Bible nous révèle qu'une puissance créatrice est à l'origine de l'Univers. Si l'énergie ne peut se créer d'elle-même, qui peut la créer ou qui d'autre que Dieu peut être une si grande source d'énergie ? Le livre de la Genèse commence en attestant que l'Univers a eu un commencement. Tout de suite après, l'auteur nous dévoile qui en est le concepteur, le créateur : *Au commencement, Dieu créa le ciel et la terre.* Dieu est l'énergie créatrice à l'origine de la matière.

Le **Dr Gold-Aubert** résume si bien cette pensée : « Tout au début, Dieu a fait jaillir du néant ce qui allait être cet Univers. »[27] Savez-vous que cette pensée est en accord avec la théorie du Big Bang ? J'ose un pas de plus dans cette réflexion. Il est tout à fait possible de croire en Dieu et d'accepter qu'il est le créateur de l'Univers, tout en admettant que cette théorie est plausible. D'ailleurs, de nombreux scientifiques chrétiens partagent ce point de vue.

---

25. Lennox, 2011, *traduction libre*

26. *Ibid.*

27. Kuen, Le labyrinthe des origines, 2005

Beaucoup de croyants nient les arguments en faveur de la théorie du Big Bang parce qu'ils pensent qu'elle contredit la création de l'Univers. Pour sa part, **William Lane Craig,** philosophe, théologien, apologète et auteur de plus de trente livres[28], croit au contraire que le Big Bang est un des arguments les plus plausibles démontrant l'existence de Dieu.

Comme un grand nombre de théologiens et de scientifiques croyants, je trouve intéressant qu'à ce jour, nos connaissances semblent appuyer la théorie du Big Bang. Je vous invite à considérer cette voie. Toutefois, je suis consciente que dans certains cercles du christianisme moderne, la possibilité que le Big Bang soit un modèle plausible pouvant expliquer l'origine de l'Univers engendre encore un certain malaise. Ceci repose sur le fait que selon l'interprétation et la compréhension des textes bibliques, de telles avancées scientifiques ne confirmeraient ou n'appuieraient pas le schéma de l'origine de la vie tel que décrit dans le premier chapitre du livre de la Genèse. Ainsi, plusieurs croyants moins avisés sur le sujet dénigrent ou ridiculisent cette théorie. Mais c'est lorsqu'ils tentent de défendre leur foi face à des personnes averties en la matière ou lorsqu'ils sont confrontés aux interrogations de leurs enfants à qui la théorie du Big Bang a été enseignée à l'école qu'ils se trouvent face à un problème majeur. La question fatidique finit toujours

28. *Dont The Cosmological Argument from Plato to Leibniz (1980), Theism, Atheism, and Big Bang Cosmology (avec Quentin Smith, 1993), Philosophical Foundations for a Christian Worldview (avec J.P. Moreland, 2003) et Reasonable Faith: Christian Truth and Apologetics (3e édition, 2008).*

par être posée : Comment concilier le schéma de l'origine de l'Univers que nous propose la science avec le récit de la création que nous trouvons dans la Bible ? Difficile de répondre, n'est-ce pas ? Ce sujet épineux laisse pantois et rend parfois inconfortables plusieurs croyants. En fait, cet inconfort peut être causé par le fait que nous n'ayons pas eu l'occasion de nous pencher sur ces sujets qui, avouons-le, sont complexes.

Analysons la question sous un autre angle. Si la théorie du Big Bang est véridique et largement acceptée par la communauté scientifique, et si la Bible est aussi vérité, est-il possible que ce soit notre interprétation de la Bible qui fasse défaut, notre compréhension qui soit biaisée ou notre connaissance de la théorie elle-même qui soit insuffisante ? Plusieurs connaissent cette théorie de nom, mais dans les faits, peu savent ce dont il s'agit réellement. D'ailleurs, certains la confondent ou l'associent avec celle de l'évolution. À l'autre extrémité du spectre, plusieurs n'ont peut-être jamais lu la Bible et malgré cela, sont fermés à l'idée que ce livre puisse être en accord avec la science. Dans tous les cas, vous conviendrez qu'il est déraisonnable et même parfois dangereux de s'avancer sur des sujets que nous ne maitrisons pas.

Permettez-moi de vous dresser les grandes lignes de la théorie du Big Bang afin de vous permettre de vous forger votre propre opinion, car souvent, nous rejetons certaines idées sans nécessairement en avoir considéré tous les tenants et aboutissants. Si vous êtes un scientifique de formation, vous comprendrez que je doive vulgariser le sujet tout en demeurant rigoureuse afin de faciliter la compréhension des lecteurs moins aguerris dans ce domaine.

Selon la communauté scientifique, le Big Bang a eu lieu il y a des milliards d'années. D'une incroyable « explosion » d'une durée infinitésimale, l'Univers jaillit, libérant une énorme quantité de matière et d'énergie, dont l'hydrogène et l'hélium. Ces deux gaz sont à l'origine de l'Univers et en sont des constituants. Dans les conditions de température du cosmos et sous l'action de la force gravitationnelle, ces gaz vont s'assembler et former les étoiles, les planètes et les galaxies.

En tentant l'expérience dans des accélérateurs de particules, il a été démontré qu'il était possible de créer de la matière à partir de l'énergie. On ne parle plus d'une origine éternelle de la matière, mais d'un Big Bang d'où l'Univers serait issu. Évidemment, le livre de la Genèse ne révèle pas tous ces détails. La Bible n'est pas un manuel de physique ni un traité de géologie, c'est un manuel de vie. Néanmoins, dans les deux premiers versets de ce précieux livre, nous retrouvons l'idée initiale et révélatrice de l'origine de la vie telle qu'étayée et développée par de sérieux et éminents scientifiques : *Au commencement, Dieu créa les cieux et la terre. La terre était informe et vide...*[29]

Il existe plusieurs hypothèses et positions chrétiennes sur la signification de ces courts versets bibliques. Pour ma

29. Genèse 1.1-2

part, je vous suggère de considérer la possibilité qu'il existe plusieurs corrélations entre ce passage de la Bible et la théorie du Big Bang telle que décrite par la communauté scientifique :

i. La Bible affirme, comme le suggère la théorie du Big Bang, qu'il y a eu un commencement.

ii. La Bible affirme que Dieu, la plus grande puissance qui soit, créa les cieux et la Terre. La théorie du Big Bang avance que l'origine de l'Univers provient d'une source incommensurable d'énergie qui s'est transformée en nuage de gaz constitué majoritairement d'hydrogène et d'hélium.

iii. La Bible affirme que les cieux et la Terre ont été créés ensemble. La théorie du Big Bang soutient que l'Univers est en pleine expansion et que l'origine des étoiles constituant les milliers de galaxies, les cieux, ainsi que l'origine des planètes, dont la Terre, provient du nuage de gaz issu de cette forte explosion d'énergie.

iv. La Bible affirme qu'au commencement, la Terre était « informe et vide », traduit du mot hébreu *Tôhû wabôhû*. Dans son état initial, lors de sa création, la Terre n'était pas comme elle est aujourd'hui, passablement ronde et pleine. Moïse écrit qu'au commencement, la Terre était *Tôhû wabôhû*. Je m'excuse d'insister, mais cette dernière affirmation a été pour moi toute une révélation. La théorie du Big Bang confirme ce que Moïse savait déjà ! Que la Terre a été créée à partir d'un nuage de gaz informe et vide qui, dans les conditions arides du cosmos et sous l'action de la gravité, s'est refroidi et est devenu la planète Terre telle que nous la connaissons aujourd'hui.

À l'instar de scientifiques sérieux dans leur attachement à la science et sans compromis dans leur foi en Dieu, je n'ai aucune objection à croire à la théorie du Big Bang parce qu'elle appuie ce que les Écritures avaient déjà révélé. À l'opposé de cette communauté scientifique composée de croyants, plusieurs penseurs athéistes ont propagé le mythe selon lequel il est impossible de croire en Dieu tout en considérant la théorie du Big Bang. Comme s'il fallait absolument faire un choix entre les deux.

Richard Dawkins, auteur de plusieurs livres défendant l'athéisme, insiste de façon simpliste sur le fait qu'il faut faire un choix entre la science et Dieu. À cela, le **Dr Lennox,** spécialiste en mathématiques et philosophie des sciences à l'Université Oxford, répond qu'il s'agit d'une alternative aussi folle que celle d'avoir à choisir Henry Ford ou une chaîne de montage automobile pour expliquer l'origine du modèle Galaxy de Ford :

> « En réalité, les deux sont nécessaires pour expliquer son origine ; ils ne sont pas contradictoires, mais complémentaires. Henry Ford est l'agent qui a conçu la voiture ; la chaîne de montage est le mécanisme qui a permis de la fabriquer. De même, nous n'avons pas à choisir entre Dieu et le Big Bang. Ce sont deux différents types d'explication ; l'une parle de Dieu comme étant l'agent créateur et l'autre parle en termes de mécanismes et de

> lois. De plus, l'expression "Big Bang" n'est qu'une étiquette que l'on a apposée à un mystère (fascinant). Les scientifiques emploient ce moyen pour exprimer leurs croyances voulant que l'Univers, et plus spécifiquement l'espace-temps, a eu un commencement[30]. »

En fait, cette idée est encore plus impressionnante si l'on considère que notre Univers est issu d'une explosion. Le cosmos, parfaitement ordonné et réglé par des lois naturelles, résulterait d'une énorme explosion d'énergie. Comment une explosion peut-elle engendrer des événements aussi bien organisés et coordonnés ? Pensez-y. Une explosion d'une puissance inimaginable a généré un Univers parfaitement régulé. Comparons cet événement à une des plus puissantes explosions que nous avons connue, le bombardement atomique d'Hiroshima, au Japon. Bien que cette déflagration soit infiniment plus faible, cette bombe nucléaire larguée sur Hiroshima a provoqué une explosion qui n'a rien produit de structuré, d'ordonné ni de régulé. Au contraire, cette détonation n'a engendré que le chaos, détruisant tout sur son passage et causant la mort. Pourtant, notre cosmos si immense, si beau, tellement organisé et finement régulé tient son origine d'une explosion.

Notre Univers est parfaitement organisé

L'auteur américain **Bill Bryson,** récipiendaire du prestigieux prix Aventis du meilleur livre de vulgarisation

30. Lennox, 2011, *traduction libre*

scientifique pour son œuvre *A Short History of Nearly Everything*[31], un ouvrage explorant les grandes découvertes scientifiques à travers l'histoire jusqu'à aujourd'hui, a expliqué le point de départ de l'Univers dans ces propos[32] :

> « C'est ainsi que du néant commence notre Univers. En un éclair, un instant de gloire trop rapide et vaste pour être décrit, la singularité prend des dimensions célestes et devient espace au-delà de toute imagination. De cette première seconde vitale (une seconde que les cosmologues passeront leur vie à décortiquer en couches plus fines les unes que les autres) naissent la gravité et toutes les lois qui régissent les phénomènes de la physique. En moins d'une minute, l'Univers s'étend sur un million de milliards de kilomètres et ne cesse de grandir. La température est maintenant très élevée, 10 milliards de degrés, suffisante pour que débutent les réactions nucléaires qui produiront les éléments plus légers, principalement l'hydrogène et l'hélium, avec un soupçon de lithium (environ un atome par centaine de millions). En trois minutes, 98 % de toute la matière qui existe ou existera jamais est produite. Nous avons un Univers. C'est un lieu doté des possibilités les plus merveilleuses et les plus gratifiantes, et c'est un endroit magnifique. Tout cela s'est produit dans le délai qu'il nous faudrait pour faire un sandwich. »

31. *Traduction libre : Une courte histoire qui résume presque tout.*

32. Lennox, 2011, *traduction libre*

Pour que des formes de vies apparaissent, survivent et s'épanouissent, la Terre devait disposer des conditions appropriées. Mais ce n'est pas tout. Il fallait que ces conditions très précises soient présentes, qu'elles soient réunies dans la structure de base et les conditions prévalant au moment du Big Bang, permettant ainsi à l'Univers de se développer de la bonne façon pour pouvoir accueillir la vie. Tout ceci est-il le fruit du hasard ou est-ce l'œuvre d'un architecte ?

Ces derniers paragraphes me subjuguent. Je ne pense pas être la seule à en être fascinée. Quiconque étant le moindrement intéressé par ce sujet ne peut rester indifférent devant une telle prédisposition et une telle perfection.

J'espère que vous êtes encore avec moi et que vous ne vous êtes pas évadés dans une autre galaxie ! Je le souhaite, car les paragraphes qui suivent peuvent encore vous surprendre. Mais avant de poursuivre, je dois vous avertir que la prochaine section requiert plus de concentration, mais ça en vaut la peine. Ne fermez pas vos yeux et encore moins votre esprit. Je me permets cette amicale requête parce que je m'apprête à vous parler d'électrons et de protons.

Les quatre forces fondamentales présentes avant la fondation de l'Univers

Pour que le cosmos ait pu exister, il a fallu que les quatre forces fondamentales qui règlent l'Univers, soit (1) la force gravitationnelle, (2) la force électromagnétique, (3) la force nucléaire et (4) la force d'interaction faible, soient présentes avant la fondation du monde, et que celles-ci aient été parfaitement réglées. Or, les marges de manœuvre de ces quatre forces sont très restreintes[33].

La force gravitationnelle est responsable de l'attraction entre les masses. Cette force a joué un rôle essentiel dans la formation des étoiles. Si la force de gravité avait été plus forte, la durée de vie des étoiles aurait été trop brève pour laisser apparaître les planètes. Si cette même force avait été plus faible, cela aurait changé la contraction de la matière stellaire, rendant la formation du carbone impossible.

Les forces électromagnétique et nucléaire sont des forces intervenant dans la cohésion des atomes. Un atome est un élément chimique constitué d'un noyau lui-même constitué de protons et de neutrons autour duquel se distribuent des électrons. Les électrons tournent en orbites autour du noyau.

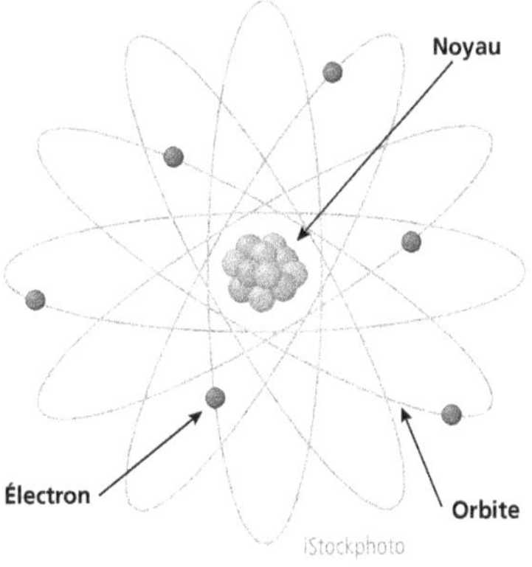

33. Kuen, Le labyrinthe des origines, 2005

La taille du noyau (10^{-15} m) est considérablement plus petite que celle de l'atome. Un atome (du grec atomos, que l'on ne peut diviser) est la plus petite partie d'un corps simple pouvant se combiner chimiquement avec une autre[34]. Par exemple, l'hydrogène, l'oxygène, le carbone et l'hélium sont des atomes.

Pour sa part, la force électromagnétique assure la cohésion des atomes en liant les noyaux aux électrons qui gravitent autour d'eux. Si la force électromagnétique avait été différente, le cosmos n'aurait pu exister, car les phénomènes indispensables à la formation des molécules sous-jacentes à la vie n'auraient pas pu se produire. Si la force électromagnétique avait été un peu plus forte, le noyau atomique s'accrocherait tellement à ses électrons que les réactions chimiques n'auraient pu avoir lieu. Il n'y aurait eu aucune réaction chimique entre l'hydrogène et l'oxygène, donc aucune formation d'eau ni de chaînes de carbone. La vie n'aurait pas pu être possible. Par ailleurs, si la force électromagnétique avait été un peu plus faible, le noyau atomique n'aurait pas pu maintenir ses électrons en orbite, donc il n'y aurait pas eu d'atomes. Une telle précision n'est-elle pas fascinante ?

Permettez-moi de vous emmener plus loin, à l'intérieur du noyau atomique. Celui-ci est maintenu grâce à la force nucléaire et c'est elle qui est responsable de la liaison des protons et des neutrons dans les noyaux atomiques. Cette force doit elle aussi être finement régulée pour assurer la

34. Wikipedia

cohésion des atomes. La puissance de la force nucléaire est proportionnelle à la force d'attraction entre les protons et les neutrons. Si la force nucléaire était, ne serait-ce que de 0,3 %, plus forte, l'attraction entre les neutrons et les protons ferait en sorte que les protons solitaires seraient extrêmement rares. En d'autres mots, il n'y aurait pas d'atomes d'hydrogène. En l'absence d'hydrogène, la formation d'eau (H_2O) est impossible, donc la vie ne peut être. Si la force nucléaire était de 2 % plus faible, l'attraction entre les neutrons et les protons serait moindre et ils ne tiendraient pas ensemble. Ainsi, les éléments lourds ne pourraient être formés. L'Univers ne serait qu'un amas d'atomes d'hydrogène sans carbone ni oxygène et encore une fois, toute forme de vie serait impossible.

Ces quelques exemples montrent clairement que la magnitude des quatre forces fondamentales doit absolument répondre à des critères extrêmement pointus pour permettre l'existence des atomes ; pour qu'il y ait des réactions chimiques ; pour que les étoiles produisent une énergie et pour que la vie soit possible dans l'Univers.

Ces quatre lois fondamentales, précurseures de notre Univers, devaient avoir été parfaitement établies avant que le cosmos ait pu se former. Celles-ci semblent être le produit d'une conception incroyablement ingénieuse. Tout se passe comme si quelqu'un avait minutieusement réglé les constantes de la nature pour modeler l'Univers. Dans un tel contexte, ne serait-il pas logique et raisonnable de considérer la possibilité que cette complexité si ordonnée ne soit pas le fruit du hasard ? Einstein affirmait que « L'idée que l'ordre et la précision de l'Univers, dans ses aspects innombrables, soient le résultat d'un hasard aveugle est aussi crédible que si, après l'explosion d'une imprimerie, tous les caractères retombaient par terre dans l'ordre d'un dictionnaire ».

À la même question, l'astrophysicien **Trinh Xuan Thuan** répond ainsi :

> « La biologie ne connaît pas les processus qui ont mené des atomes inanimés à la vie. L'émergence de la vie dépend en effet d'un réglage extraordinairement précis des conditions initiales et d'une poignée de constantes physiques... Changez un tant soit peu l'une de ces constantes et de ces conditions, et nous ne serions plus là pour en parler... La précision avec laquelle il faudrait régler ces différentes conditions et constantes pour aboutir à un Univers comme le nôtre équivaut à la précision qu'un archer devrait obtenir pour placer une flèche dans une cible de 1 cm^2 à 15 milliards d'années-lumière[35]. »

J'aime cette autre citation de **Demaret et Barbier,** deux astrophysiciens :

> « Tout s'est apparemment passé comme si les conditions initiales particulières avaient été sélectionnées par un Créateur distinct de l'univers matériel en vue de l'accomplissement d'un projet[36]. »

35. La recherche des origines, mai 1997

36. Lonchamp, 1991

Lorsque l'on parle de cet Univers aussi infiniment grand que parfaitement organisé et réglé, comment ne pas penser à ce que la Bible déclarait il y a plus de 2000 ans ?

> *Les perfections invisibles de Dieu, sa puissance éternelle et sa divinité, se voient depuis la Création du monde, elles se comprennent par ce qu'il a fait...*[37]
>
> *C'est par la foi que nous reconnaissons que le monde (l'Univers) a été formé par la parole de Dieu en sorte que ce qu'on voit n'a pas été fait de choses visibles. Ce que l'on voit a été fait à partir de ce que l'on ne voit pas...*[38]

Vous conviendrez qu'à la lumière de ce que nous venons de décrire dans ce chapitre, ces passages des Écritures prennent tout leur sens. Il est difficile de penser que tout ceci soit le fruit du hasard ou, encore plus ardu, de croire qu'il n'y avait absolument rien avant la création de notre Univers. C'est à une telle conclusion que le célèbre scientifique Allen Rex Sandage est arrivé. Voici le récit d'un moment déterminant de sa vie[39]:

Allan Rex Sandage, le plus réputé cosmologue observationnel du monde — qui a déchiffré les secrets des étoiles, vérifié les mystères des quasars, révélé l'âge des agglomérations globulaires, identifié méticuleusement les distances des galaxies lointaines et quantifié l'expansion de l'Univers

37. Romains 1.20

38. Hébreux 11.3

39. Strobel, 2004, *traduction libre.*

grâce à son travail au sein des observatoires du Mont Wilson et de Palomar — se préparait à faire une présentation devant un auditoire lors d'une conférence à Dallas. Peu de scientifiques jouissent d'une reconnaissance aussi unanime que cet homme qui fut l'un des protégés du légendaire astronome Edwin Hubble. De prestigieux honneurs lui ont été rendus par la *American Astronomical Society*[40], l'Académie de physique de Suisse, la Société royale d'astronomie, ainsi que l'Académie royale des sciences de Suède, ce qui est l'équivalent du prix Nobel d'astronomie. Le *New York Times* l'a surnommé « Le grand homme de l'astronomie ».

Alors qu'il s'approchait de l'estrade, lors de cette conférence qui avait lieu en 1985, laquelle traitait de sciences et de religion, l'auditoire ne se posait pas beaucoup de questions sur sa prise de position, tous croyaient la connaître. La discussion devait porter sur l'origine de l'Univers et le panel était divisé en deux clans : ceux qui croyaient en Dieu et ceux qui n'y croyaient pas, chaque clan s'asseyant de son côté de la plate-forme. Plusieurs auditeurs savaient probablement que Sandage, un homme d'origine juive, était athée depuis son enfance. D'autres croyaient sans doute qu'un scientifique de cette stature devait sûrement être sceptique face à l'existence de Dieu. Il était donc évident pour tous que Sandage s'assoirait avec les sceptiques. Ils furent surpris.

Sandage provoqua une vague de consternation lorsqu'il prit une chaise du côté des athées et alla s'asseoir parmi ceux qui croyaient en l'existence de Dieu. Ce qui étonnait

---

40. AAS – *Union américaine d'astronomie*

davantage, dans ce contexte où l'on discuterait du Big Bang et de ses implications philosophiques, c'est qu'il avait décidé, à l'âge de soixante ans, de dire publiquement qu'il était maintenant chrétien. « Le Big Bang, dit-il à l'auditoire médusé qui buvait chacune de ses paroles, est un événement surnaturel que nous ne pouvons expliquer dans le monde de la physique tel que nous le connaissons. La science nous a conduits au Premier Événement, mais elle ne peut nous conduire à la Première Cause. L'émergence soudaine de la matière, de l'espace, du temps et de l'énergie nous mène à un quelconque besoin de transcendance. » « C'est ma science qui m'a amené à conclure que le monde est beaucoup plus compliqué que ce que peut expliquer la science », dira-t-il plus tard à un journaliste. « Ce n'est que par le surnaturel que je suis en mesure de comprendre le mystère de l'existence. » À la question : Peut-on être scientifique et chrétien ? Il répondit : « Oui, le monde est trop complexe dans toutes ses composantes et ses interconnexions pour être uniquement le fruit du hasard[41]. »

Est-il possible d'accepter la théorie du Big Bang tout en croyant en la Bible ? À la lecture de ce chapitre et à en juger par les écrits de ces nombreux scientifiques spécialisés en physique et en astrophysique qui ont une connaissance approfondie de la Bible, je répondrais oui ! Une chose est certaine, c'est que la théorie du Big Bang ne fait que proposer un modèle décrivant l'origine de l'Univers. Ce dernier n'élimine, ne diminue ni n'atténue en rien l'acte de création nécessaire à sa formation. En ce

41. Strobel, 2004, *traduction libre.*

qui me concerne, la précision et la puissance nécessaires pour faire naitre cet immense Univers me poussent à lever les yeux vers le ciel. Et vous ? Lorsque nous contemplons les myriades d'étoiles de notre galaxie, il est tentant de se demander s'il peut exister d'autres formes de vie dans l'Univers. C'est le sujet que nous aborderons dans le prochain chapitre. Êtes-vous prêt ?

Chapitre 3

EST-IL POSSIBLE QUE D'AUTRES FORMES DE VIE EXISTENT DANS L'UNIVERS ?

Existe-t-il quelque part dans ce si grand Univers, une autre planète où vivraient des êtres intelligents qui nous ressemblent et avec lesquels nous pourrions communiquer ? Au risque de vous surprendre, cette question est incontournable et m'est posée presque immanquablement après chaque conférence que je donne sur le sujet de la science et la foi. Même si certains pourraient trouver la question étonnante, je pense qu'il s'agit d'un des plus grands sujets de curiosité de notre époque.

La vraie question n'est pas tant de savoir s'il existe d'autres êtres intelligents dans l'Univers que de savoir si la vie est possible ailleurs que sur Terre. Si la question de la présence de l'intelligence extraterrestre flirte avec le domaine de la science-fiction, celle qui concerne l'existence de planètes habitables où d'autres formes de vie auraient pu apparaître et disparaitre fait l'objet d'une exploration scientifique rigoureuse depuis de nombreuses années[42].

42. Nous ne sommes pas seuls !, Août 2012

Notre système solaire est un système planétaire composé d'une étoile, le soleil, de huit planètes et de milliards de corps dont seulement une infime partie est connue. En 1995, **Michel Mayor** et **Didier Queloz** ont détecté pour la première fois une planète située hors du système solaire (exoplanète). Ces deux astrophysiciens suisses se servaient d'un télescope de l'Observatoire de Haute-Provence. Grâce aux technologies mises à leur disposition, ils ont pu constater que cette exoplanète gazeuse d'à peu près la taille de Jupiter tourne autour d'une étoile, 51 Pégase, dont les caractéristiques se rapprochent de celles du soleil. Au fil des années, plusieurs autres exoplanètes ont été découvertes, ce qui augmentait les probabilités qu'il puisse y avoir de la vie ailleurs que sur la Terre. Une ombre au tableau : les astronomes observèrent que ces corps célestes étaient tous soit trop imposants, donc trop gazeux, soit trop proches de leurs étoiles et donc dépourvus d'eau liquide. Aucun d'eux n'était susceptible d'abriter la moindre vie[43].

Avec la fulgurante progression des outils de détection en astronomie, en 2011, des scientifiques ont été en mesure d'identifier d'autres planètes qui, comme la Terre, seraient elles aussi capables de retenir l'eau sous forme liquide. Ces récentes découvertes ont eu un impact majeur sur l'ensemble de la communauté scientifique, puisqu'en effet, la présence d'eau sous forme liquide rendrait ces planètes « potentiellement habitables ». Or jusqu'à présent, les scientifiques considéraient notre bonne vieille Terre comme

---

43. *Ibid*

étant le seul endroit réunissant les conditions idéales et propices à l'apparition de la vie.

En 2012, après de longues années d'étude sur ces planètes « potentiellement habitables », une équipe d'astronomes français de l'Observatoire des Sciences de l'Univers de Grenoble est parvenue à en estimer le nombre, et je vous mets au défi de le deviner ! 10 000 milliards de milliards ! Oui, selon ces chercheurs, il y aurait 10 000 milliards de milliards de planètes « potentiellement habitables » dans le cosmos[44]. Pour mieux saisir ce que représente ce chiffre astronomique, je vous rappelle que 10 000 milliards de milliards équivalent à 10×10^{21} c'est-à-dire 10 000 000 000 000 000 000 000. Bien qu'il puisse y avoir une erreur sur la mesure, avouons que ce chiffre est vertigineux !

Aujourd'hui, nous savons qu'il existe un très grand nombre de planètes qui disposent d'eau liquide — véritable incubateur de la vie — à leur surface, et qui sont donc « potentiellement habitables ». Par conséquent, est-il raisonnable d'imaginer que la présence de vie ailleurs que sur la Terre soit statistiquement possible ? Après tout, il serait logique de penser que plus il y a de planètes pouvant abriter la vie, plus les possibilités que la vie puisse réellement émerger à ces endroits sont plus grandes. D'ailleurs, plusieurs scientifiques en sont persuadés :

Geoffrey Marcy, professeur d'astronomie à l'Université de Berkeley en Californie : « Tout le monde pense que les

44. *Ibid*

planètes possédant de l'eau liquide sont un excellent tube à essai pour les réactions chimiques entre molécules carbonées. Leur profusion rend donc évidemment la vie extraterrestre plus probable dans l'Univers[45]. »

Xavier Bonfils, chercheur à l'Institut de planétologie et d'astrophysique de Grenoble : « Oui, désormais il est difficile de penser que nous soyons seuls dans l'Univers[46]. »

Logique ? Pas tout à fait. En fait, la question est bien plus complexe. Plus qu'une simple question de statistiques ou de probabilités, ce qui est crucial, c'est de savoir comment la vie sur la Terre est apparue. À ce jour, personne ne peut y répondre. Et croyez-moi, c'est une chose de savoir qu'il existerait d'autres planètes hospitalières capables de contenir la vie, mais c'en est une autre de comprendre comment la vie a pu émerger, et le fossé entre ces deux étapes est immense.

Arnaud Cassan, chercheur à l'Institut d'astrophysique de Paris, capsule bien cette pensée : « Il y a deux questions dans la grande quête de la vie extraterrestre : le nombre de mondes habitables et la probabilité que la vie émerge sur une planète. On a répondu à la première : des planètes habitables, il y en a partout ! Reste maintenant à répondre à la deuxième…[47] » Pour les astronomes, l'émergence de la vie sur d'autres planètes repose sur une inconnue fondamentale : la formation de la vie sur Terre. Pour répondre à

45. *Ibid.*

46. *Ibid.*

47. *Ibid.*

cette question, les astronomes passent le relais aux biologistes qui eux essaient depuis des années de reproduire en laboratoire les conditions qui auraient permis l'apparition de la vie. En d'autres termes, ces biologistes tentent de faire naître des bactéries à partir de molécules organiques dans un tube à essai. Or, malgré la sophistication et les progrès remarquables des sciences biologiques, cette expérience demeure encore loin d'aboutir.

Selon les travaux de recherche du **Dr Hugh Ross** sur les quasars et les galaxies, pour que la vie puisse être, les vingt-six paramètres suivants doivent se retrouver, et ce, dans des conditions et un équilibre extrêmement précis[48] :

1. **La constante de l'interaction nucléaire forte[49] :**

   Si elle était ***plus grande***, il n'y aurait pas d'hydrogène ; les noyaux essentiels à la vie seraient instables.

   Si elle était ***plus petite***, il n'y aurait pas d'autres éléments que l'hydrogène.

2. **La constante de l'interaction nucléaire faible[50] :**

   Si elle était ***plus grande***, trop d'hydrogène serait converti en hélium dans le Big Bang, il y aurait donc trop d'éléments lourds synthétisés par combustion stellaire et aucune expulsion d'éléments lourds par les étoiles.

---

48. Ross H., 2003

49. *Voir chapitre 2*

50. *Ibid.*

Si elle était *plus petite*, il n'y aurait pas assez d'hélium formé dans le Big Bang, donc pas assez d'éléments lourds produits par combustion stellaire et aucune expulsion d'éléments lourds par les étoiles.

3. La constante gravitationnelle[51] :

Si elle était *plus grande*, les étoiles seraient trop chaudes et se consumeraient trop vite et de manière trop irrégulière.

Si elle était *plus petite*, les étoiles resteraient si froides que la fusion nucléaire ne se déclencherait jamais. Aucune production d'éléments lourds n'aurait donc lieu.

4. La constante de la force électromagnétique[52] :

Si elle était *plus grande*, les liaisons chimiques seraient trop faibles et les éléments plus lourds que le bore seraient trop instables pour qu'il y ait fission.

Si elle était *plus petite*, les liaisons chimiques seraient trop faibles.

5. Rapport entre la constante électromagnétique et la constante gravitationnelle :

S'il était *plus grand*, il n'y aurait pas d'étoiles de masse inférieure à 1,4 fois celle du soleil, ce qui signifie des durées de vie stellaires courtes et des luminosités stellaires variables.

51. *Voir chapitre 2*

52. *Voir chapitre 2*

S'il était *plus petit,* il n'y aurait pas d'étoiles dont la masse dépasse 0,8 fois celle du soleil, ce qui signifie qu'il n'y aurait pas de production d'éléments lourds.

6. **Rapport entre la masse de l'électron et la masse du proton :**

   S'il était *plus grand,* les liaisons chimiques seraient trop faibles.

   S'il était *plus petit,* le même phénomène se produirait.

7. **Rapport entre le nombre de protons et le nombre d'électrons :**

   S'il était *plus grand,* l'électromagnétisme dominerait la gravité, empêchant la formation de galaxies, d'étoiles et de planètes.

   S'il était *plus petit,* le même phénomène se produirait.

8. **Taux d'expansion de l'Univers :**

   S'il était *plus grand,* il n'y aurait pas de formation de galaxies.

   S'il était *plus petit,* l'Univers s'effondrerait avant la formation d'étoiles.

9. **Niveau d'entropie de l'Univers :**

   S'il était *plus élevé,* il n'y aurait pas de formation de protogalaxies.

   S'il était *plus petit,* il n'y aurait pas de condensation stellaire à l'intérieur des protogalaxies.

10. Densité massique de l'Univers :

Si elle était *plus grande*, trop de deutérium se formerait durant le Big Bang, entraînant une combustion trop rapide des étoiles.

Si elle était *plus petite*, pas assez d'hélium se formerait durant le Big Bang, donc pas assez d'éléments lourds par la suite.

11. Vitesse de la lumière :

Si elle était *plus grande*, les étoiles auraient une luminosité trop grande.

Si elle était *plus petite*, les étoiles auraient une luminosité insuffisante.

12. Âge de l'Univers :

S'il était *plus vieux*, aucune étoile (de la famille du soleil) ne se trouverait dans une phase de combustion stable et aucune ne serait située correctement dans la galaxie.

S'il était *plus jeune*, les étoiles (de la famille du soleil), dans une phase de combustion stable, ne se seraient pas encore formées.

13. Uniformité du rayonnement primordial :

S'il était *plus lisse*, les étoiles, les amas stellaires et les galaxies ne se seraient pas formés.

S'il était *plus irrégulier*, l'Univers à ce stade-ci serait essentiellement constitué de trous noirs et d'espace vide.

14. Constante de structure fine (mesure utilisée pour décrire les structures fines des lignes spectrales) :

Si elle était ***plus grande***, l'ADN ne pourrait pas fonctionner et aucune étoile n'aurait une masse dépassant 0,7 fois celle du soleil.

Si elle était ***plus petite***, l'ADN ne pourrait pas fonctionner et aucune étoile n'aurait une masse inférieure à 1,8 fois celle du soleil.

15. Distance moyenne entre les galaxies :

Si elle était ***plus grande***, notre galaxie n'absorberait pas assez de gaz pour entretenir la formation d'étoiles pendant une durée convenable.

Si elle était ***plus petite***, l'orbite solaire serait trop radicalement perturbée.

16. Distance moyenne entre les étoiles :

Si elle était ***plus grande***, la densité d'éléments lourds serait trop faible pour permettre la formation de planètes rocheuses.

Si elle était ***plus petite***, les orbites planétaires seraient déstabilisées.

17. Vitesse de désintégration du proton :

Si elle était ***plus grande***, la vie serait anéantie par le dégagement de radiations.

Si elle était ***plus petite***, il n'y aurait pas suffisamment de matière dans l'Univers pour que la vie soit.

18. Rapport entre le niveau d'énergie du carbone (^{12}C) et de l'oxygène (^{16}O) :

S'il était *plus grand*, il n'y aurait pas assez d'oxygène.

S'il était *plus petit*, il n'y aurait pas assez de carbone.

19. Niveau quantique fondamental de l'hélium (^{4}He) :

S'il était *plus élevé*, il n'y aurait pas assez de carbone ni d'oxygène.

S'il était *plus petit*, il n'y aurait pas assez de carbone ni d'oxygène.

20. Vitesse de désintégration du béryllium (^{8}Be) :

Si elle était *plus grande*, il n'y aurait pas de production d'éléments au-delà du béryllium, la chimie de la vie serait donc impossible.

Si elle était *plus petite*, la fusion des éléments lourds génèrerait des explosions catastrophiques dans toutes les étoiles.

21. Excès de masse du neutron par rapport au proton :

S'il était *plus élevé*, la désintégration des neutrons serait telle qu'il n'en resterait pas suffisamment pour former les éléments lourds essentiels à la vie.

S'il était *plus petit*, la désintégration des protons provoquerait l'effondrement rapide de toutes les étoiles et produirait des étoiles à neutrons ou des trous noirs.

22. Excès initial du nombre de nucléons par rapport au nombre d'antinucléons :

S'il était ***plus élevé***, il y aurait trop de radiations pour que la formation de planètes puisse survenir.

S'il était ***plus petit***, il n'y aurait pas assez de matière pour permettre la formation de galaxies ou d'étoiles.

23. Polarité de la molécule d'eau :

Si elle était ***plus grande***, les chaleurs de fusion et de vaporisation seraient trop élevées pour que la vie puisse exister.

Si elle était ***plus petite***, les chaleurs de fusion et de vaporisation seraient trop faibles pour que la vie puisse exister. L'eau à l'état liquide deviendrait un solvant trop médiocre pour permettre la chimie de la vie, la glace ne flotterait pas, ce qui causerait une glaciation par un phénomène d'emballement.

24. Éruptions de supernova :

Si elles étaient ***trop proches***, les radiations décimeraient la vie sur la planète.

Si elles étaient ***trop éloignées***, il n'y aurait pas assez d'éléments lourds dans les « cendres » stellaires pour qu'il y ait formation de planètes rocheuses.

Si elles étaient ***trop fréquentes***, la vie sur la planète serait décimée.

Si elles étaient ***trop rares***, il n'y aurait pas assez d'éléments lourds dans les «cendres» stellaires pour que la formation de planètes rocheuses se produise.

Si elles étaient ***trop précoces***, il n'y aurait pas assez d'éléments lourds dans les «cendres» stellaires pour que la formation de planètes rocheuses se produise.

Si elles étaient ***trop tardives***, la vie sur la planète serait décimée par les radiations.

25. Naines blanches binaires:

Si elles n'étaient ***pas assez nombreuses***, il n'y aurait pas suffisamment de fluor qui se formerait pour permettre la chimie de la vie.

Si elles étaient ***trop nombreuses***, elles causeraient une déstabilisation des orbites planétaires en raison de la densité stellaire. La vie sur la planète serait ainsi décimée.

Si elles étaient ***trop précoces***, il n'y aurait pas assez d'éléments lourds formés pour permettre un bon rendement de production de fluor.

Si elles étaient ***trop tardives***, le fluor se formerait trop tard pour être incorporé aux protoplanètes.

26. Rapport entre la quantité de matière exotique et la quantité de matière ordinaire:

S'il était ***plus grand***, l'Univers s'effondrerait avant que des étoiles de la taille du soleil puissent se former.

S'il était ***plus petit***, les galaxies ne se formeraient pas.

Soyez rassuré, je ne vous demanderai pas à la fin de ce chapitre de m'énumérer et encore moins de m'expliquer ces vingt-six paramètres. Pour la majorité d'entre nous, tout ceci est très complexe, car ces données relèvent du domaine de la haute voltige scientifique. Mais il est important d'en retenir l'essentiel : la complexité de l'Univers ainsi que son fin modelage nous font découvrir les traits de celui qui l'a façonné. À ce propos, j'aime cette réflexion du Dr Ross : « L'astronomie nous a donné de nouveaux outils pour sonder la personnalité du Créateur...[53] » Un Univers si parfaitement conçu n'a pu l'être que par un concepteur exceptionnel, voire divin.

Le Dr Ross déclare en outre que la Terre a préparé le terrain à la vie par le biais d'une multitude de paramètres finement réglés, soit ceux de notre galaxie, de notre étoile, de notre planète et de notre lune. Selon ses calculs, pour qu'il y ait de la vie sur une planète, environ quarante-et-une conditions doivent être présentes simultanément[54]. Par exemple :

- Si notre étoile mère (c.-à-d. le soleil) avait une luminosité trop forte, elle entraînerait un effet de serre par emballement. Si elle était trop faible, elle entraînerait une glaciation, donc l'absence de vie.
- Si la Terre était trop éloignée de l'étoile mère (c.-à-d. du soleil), la planète serait trop froide pour permettre le cycle de l'eau. Si elle était trop rapprochée, la planète

53. Ross H., 2003

54. *Ibid.*

serait trop chaude pour permettre un cycle de l'eau, d'où l'absence de vie.

- Si la Terre avait une période de rotation plus longue, les écarts de température diurne seraient trop grands. Si elle était plus courte, la vitesse des vents serait excessive, d'où l'absence de vie.
- Si le niveau d'ozone dans l'atmosphère était plus élevé, les températures de surface seraient trop basses. S'il était moins élevé, les températures de surface seraient trop élevées ; il y aurait trop de radiations UV, donc une absence de vie.
- Si l'interaction gravitationnelle avec la lune était trop grande, les effets de marée sur les océans, sur l'atmosphère et sur la période de rotation seraient trop sévères. Si elle était trop faible, des variations dans l'obliquité de l'orbite donneraient naissance à des instabilités climatiques. L'échange d'éléments nutritifs et de vie entre les océans et les continents seraient insuffisants et le champ magnétique serait trop faible, d'où l'absence de vie.

Selon le Dr Ross, la probabilité de voir les quarante-et-une conditions nécessaires à l'apparition de la vie sur une planète se produire simultanément est de 10^{-53}. Puisque nous estimons qu'il y a probablement un maximum de 10^{22} planètes dans l'Univers, en l'absence d'intervention divine, il existe moins d'une chance sur un quintillion (1/1 000 00 0 000 000 000 000 000 000 000 000) que seulement une planète de ce type existe quelque part dans l'Univers. La publication de ce degré de planification et de réglage provoqua un bouleversement chez les spécialistes de l'astronomie. Comment expliquer cet Univers ? Par le hasard ? Dans ce cas, comment expliquer le hasard lui-même ? Quel est le sens du hasard ?

L'astronome **George Greenstein** a fait la réflexion suivante : « En passant en revue tous les faits, une pensée surgit immanquablement : il doit y avoir un agent surnaturel, ou plutôt un "Agent", qui entre en jeu. Est-il possible que soudainement, sans en avoir l'intention, nous soyons tombés sur la preuve scientifique de l'existence d'un être suprême ? Serait-ce l'intervention divine qui aurait providentiellement modelé le cosmos dans notre intérêt ?[55] »

Malgré toutes les découvertes réalisées par les cosmologues à ce jour, la Terre demeure la seule planète où la vie est présente. Dans son livre *Dieu et le cosmos* traitant des plus importantes découvertes scientifiques du siècle et de l'origine de l'Univers, le **Dr Hugh Ross** écrit :

> « Dans toutes mes conversations avec ceux qui sont engagés dans des recherches sur les caractéristiques de l'Univers, dans toutes mes lectures d'articles et de livres sur le sujet, personne ne s'oppose à la conclusion que d'une manière ou d'une autre, le cosmos a été modelé pour être un habitat propice à la vie. Par nature, les astronomes tendent à être indépendants et iconoclastes. Si une

55. Ross H., 2003

occasion de désaccord se présente, ils la saisissent. Mais sur le sujet du réglage rigoureux du cosmos ou de son élaboration minutieuse, les preuves sont si écrasantes que j'attends toujours d'entendre une voix dissidente.[56] »

Il ajoute à cela des citations des Drs **Allan Sandage** et **Robert Griffiths,** lauréat du prix Dannie Heinemann en physique mathématique, affirmant respectivement que : « Il me semble bien improbable qu'un tel ordre soit sorti du chaos. Il doit y avoir un principe d'organisation. Pour moi, Dieu est un mystère, mais il est l'explication du miracle de l'existence, la raison pour laquelle il y a quelque chose plutôt que rien. » « Si nous avons besoin d'un athée pour un débat, je vais au département de philosophie. Le concours du département de physique serait bien maigre[57]. »

Vera Kistiakowsky, chercheuse et professeure au département de physique de l'Institut de Technologie du Massachusetts (MIT), membres du *American Association for the Advancement of Science*[58] et de l'*Association for Women in Science*[59] fit le commentaire suivant : « L'ordre exquis que révèle notre compréhension scientifique du monde physique nous pousse à évoquer le divin[60]. »

56. Ross H., 2003

57. *Ibid.*

58. *Association pour l'avancement des sciences*

59. *Association des femmes de science*

60. Kuen, Le labyrinthe des origines, 2005

Le physicien **Tony Rothman** conclut un article de vulgarisation sur le principe anthropique[61] avec ces mots :

> « Le théologien médiéval qui contemplait le ciel nocturne avec les yeux d'Aristote et qui voyait des anges guider le mouvement des sphères en harmonie est devenu le cosmologue moderne qui contemple le même ciel avec les yeux d'Einstein et qui voit la main de Dieu, non dans les anges, mais dans les constantes de la nature... Confronté à l'ordre, à la beauté de l'Univers et aux coïncidences étranges de la nature, il est tentant de faire le saut de la science à la religion par un acte de foi. Je suis certain que de nombreux physiciens veulent le faire. J'aimerais simplement qu'ils l'admettent[62]. »

Qu'ils soient cosmologues, astrophysiciens ou biologistes, de nombreux scientifiques arrivent à la conclusion qu'il doit exister un « esprit supérieur » responsable de la complexité de l'Univers, et que ce fin modelage est statistiquement improbable par le seul hasard. **Robert Boyle,** père de la chimie moderne a d'ailleurs déclaré que « d'une connaissance du travail de Dieu viendra la connaissance de Dieu ».

---

61. *Le principe anthropique (du grec anthropos, homme) est le nom donné à l'ensemble des considérations qui visent à évaluer les conséquences de l'existence de l'humanité sur la nature des lois de la physique et de la biologie ; l'idée générale étant de dire que l'existence même de l'humanité (ou plus généralement, de la vie) permet de faire certaines déductions sur les lois de la physique, à savoir que celles-ci sont nécessairement telles qu'elles permettent à la vie d'apparaître. En effet, les lois de la physique sont sujettes à un nombre étonnamment important d'ajustements fins sans lesquels l'émergence de structures biologiques complexes n'aurait jamais pu apparaître dans l'univers.* (source : http://fr.wikipedia.org/wiki/Principe_anthropique)

62. Kuen, Le labyrinthe des origines, 2005

Dans les derniers paragraphes de ce chapitre, j'aimerais faire écho à ces hommes et femmes de science en tentant de vous faire prendre conscience de la grandeur de Dieu à travers celle de l'Univers qu'il a créé.

La grandeur de l'Univers

Il est extrêmement difficile de se faire une idée, de s'imaginer et surtout de réaliser quelles sont les dimensions d'un si grand Univers. Voici quelques données qui, je l'espère, vous aideront à concevoir un tant soit peu ce que j'appelle « l'infiniment grand[63] » :

- L'étoile la plus proche (Century Proxima Centauri) est à 4,23 années-lumière de la Terre (c.-à-d. à 40 015 milliards de km !). Si un vaisseau spatial se déplaçait à la vitesse du son (0,3 km/seconde, soit plus de 1 000 km/heure), il mettrait plus de 4 millions d'années pour s'y rendre. Même à 4 000 km/heure, il lui faudrait encore 1 million d'années pour s'y rendre. Pour y envoyer un message radio et recevoir une réponse, il faudrait compter plus de 8 ans. Or, il existe des étoiles dont la lumière met des milliards d'années à se rendre jusqu'à nous à la vitesse de 300 000 km à la seconde.
- Notre galaxie, la Voie lactée, compte plus de 20 010 000 milliards milliards d'étoiles.
- La Voie lactée n'est qu'une galaxie parmi des centaines de milliards d'autres.

63. *Ibid.*

- La galaxie d'Andromède est à plus de 2,36 millions d'années-lumière de nous.
- D'autres galaxies sont plus de mille fois plus éloignées que celle d'Andromède.

Je vous suggère de consulter le site suivant qui vous permettra de mieux jauger l'échelle de grandeur de l'Univers : *The scale of the universe*, http://www.wimp.com/universescale/. En déplaçant votre curseur, vous pourrez voir les écarts astronomiques qui existent entre l'infiniment petit et l'infiniment grand. Essayez, vous ne le regretterez pas !

Si on réduisait toutes les dimensions de 10 milliards de fois, le soleil aurait 1,4 cm de diamètre et la Terre se situerait à 1,5 mètre du soleil (qui est à 150 millions de km de nous) et n'aurait qu'un dixième de millimètre. Elle serait presqu'invisible. L'étoile la plus proche serait telle une bille à 400 km de là (environ deux fois la distance qui sépare la ville de Montréal de celle de Québec), et les autres étoiles seraient réparties dans toutes les directions : Amsterdam, Rome, Athènes ou New York. Toujours à cette échelle, l'ensemble de la Voie lactée s'étendrait encore à quelque 10 millions de kilomètres, c'est-à-dire 25 fois la distance Terre-Lune. Pour pouvoir représenter de façon proportionnelle toute la galaxie sur une page, il nous faudrait prendre une échelle encore 100 milliards de fois plus petite. Et il ne s'agirait encore que d'une galaxie parmi les centaines de milliards d'autres ![64]

---

64. Kuen, Le labyrinthe des origines, 2005

Même si je m'attèle à vous décrire ce si grand Univers avec des mots, il est impossible de comprendre l'immensité et la beauté du cosmos. Pour en apprécier sa splendeur et sa grandeur, je vous invite à visionner une partie du film Imax *Voyage cosmique*[65]. Ce film est très bien réalisé, il est à couper le souffle. Vous saisirez mieux combien notre planète n'est qu'une infime poussière dans notre système solaire et dans notre galaxie, et combien l'homme n'est qu'un grain de sable sur la Terre. Ces images nous donnent le vertige.

D'autre part, en étudiant les propriétés du soleil, nous constatons combien grandiose est sa puissance. Le soleil est immense, il dégage une chaleur de plus de 5 500 ^{0}C et envoie de la lumière à 300 000 km à la seconde. Un rayon de lumière n'a besoin que de 8 minutes pour couvrir la distance de 150 millions de km. Son débit énergétique est incroyable. L'énergie solaire transmise par le rayonnement du soleil rend possible la vie sur Terre par apport d'énergie thermique et de lumière, permettant la présence d'eau à l'état liquide et la photosynthèse des végétaux.

L'énergie part du soleil à un débit de 5 millions de tonnes de matière à la seconde, et ce, chaque jour et d'année en année. Pour pouvoir faire fonctionner le soleil pendant 1 seconde, une compagnie d'électricité aurait besoin de l'équivalent du produit intérieur brut (PIB) des É.-U. pendant 7 millions d'années. L'énergie du soleil qui arrive sur la Terre est égale à 1 milliardième (1/milliard) de sa

65. *Cosmic Voyage, http://www.youtube.com/watch?v=qxXf7AJZ73A.*

quantité d'énergie. Pourtant, le soleil n'est qu'une étoile parmi des milliards d'autres dans notre galaxie, la Voie lactée, qui est une galaxie parmi des milliards d'autres connues à ce jour.

Pour vous aider à vous faire une meilleure idée de la taille et de la puissance des étoiles, vous pouvez consulter le site Internet suivant : *God of Wonders Sun Stars*, http://www.youtube.com/watch?v=cO57nJDWi3Y. À l'aide de l'animation par ordinateur, les créateurs de cette vidéo comparent la taille de notre soleil aux autres étoiles de notre galaxie. C'est absolument époustouflant ! Si vous croyez que le soleil est gigantesque et puissant, vous n'avez encore rien vu ! Plus d'un million de planètes Terre pourraient être contenues dans le soleil et pourtant, celui-ci est de taille moyenne comparativement à de nombreuses étoiles de notre galaxie. Arcturus est la quatrième étoile la plus brillante, et elle se situe à plus de 320 trillions de kilomètres de la Terre. Cette géante orange est visible à l'œil nu. Arcturus est 100 fois plus brillante et a un rayon 20 fois plus grand que celui du soleil. Toutefois, elle semble petite lorsqu'on la compare à la super géante Bételgeuse. Cette dernière a un rayon 600 fois plus grand que celui du soleil et est 60 000 fois plus brillante. Imaginez ! Bételgeuse n'est pas la plus grande étoile de notre galaxie. Plusieurs supers géantes rouges le sont davantage, dont certaines avec un rayon 1 500 fois plus grand que celui du soleil.

Laissez-moi vous citer deux passages de la Bible qui parlent du ciel et des étoiles, et il y en a bien d'autres :

Le ciel proclame la gloire de Dieu, la voute étoilée révèle ce qu'il a fait...[66]

Ta majesté surpasse la majesté du ciel...[67]

Avec tout ce que je viens de vous décrire, je crois que vous saurez vraiment apprécier le sens de ces versets. Je ne cherche pas à faire en sorte que vous vous sentiez tout petit dans cet immense Univers. Je veux plutôt vous démontrer combien le Créateur est grand et puissant. Devant cette infinie grandeur, il est facile de se demander : Qui suis-je pour que Dieu s'intéresse à moi ? Pourtant, selon la Bible, ce grand Dieu aime passionnément chacun de nous. Le Dieu créateur de l'Univers se préoccupe de ce que nous vivons. Plusieurs passages des Écritures en témoignent :

Le secours me vient de l'Éternel qui a fait les cieux et la terre...[68]

Levez vos yeux en haut et regardez ! Voyez qui a créé les étoiles, qui les a fait sortir au complet comme une armée à la parade. Toutes, il les a prises à son service, sa force est si grande et son pouvoir est tel, qu'aucune ne manque à l'appel... Le Seigneur est Dieu de siècle en siècle. Il a créé la terre d'une extrémité à l'autre. Jamais il ne faiblit, jamais il ne se lasse. Son savoir-faire est sans limites. Il redonne des forces à celui qui faiblit, il remplit de vigueur celui qui n'en peut plus. Les jeunes

66. Psaumes 19.2

67. Psaumes 8.2

68. Psaumes 121.2

eux-mêmes connaissent la défaillance ; même les champions trébuchent parfois. Mais ceux qui comptent sur le Seigneur reçoivent des forces nouvelles ; comme des aigles ils s'élancent. Ils courent, mais sans se lasser, ils avancent, mais sans faiblir...[69]

La Bible affirme que Dieu a nommé chacune des étoiles[70] et qu'il nous connait par notre nom. Lorsque nous n'étions qu'une masse informe et vide, il connaissait chacun des jours qui nous étaient destinés avant qu'aucun d'eux n'existe[71]. Celui qui peut mesurer les eaux dans le creux de sa main et prendre les dimensions des cieux avec sa paume est ce même Dieu, ce même Seigneur, l'Éternel qui vient avec puissance, semblable à un berger qui s'occupe de son troupeau, qui prend les agneaux dans ses bras et les porte contre son cœur[72]. Quel réconfort de savoir que le Dieu créateur d'un si grand Univers s'occupe de nous. Aucune situation n'est trop grande pour lui. Croire en son existence nous donne l'espoir et la force de traverser les moments les plus difficiles de notre vie. N'est-ce pas plus logique et plus rassurant que de croire que nous sommes le simple fruit d'une cascade de réactions chimiques non programmées, non désirées, et que nous sommes arrivés sur cette Terre par l'effet du temps et de la sélection naturelle ? Je préfère croire que nous sommes l'œuvre d'un concepteur puissant, intelligent et aimant.

69. Ésaïe 40.26-31

70. Psaumes 147.4

71. Psaumes 139.16

72. Ésaïe 40.11-12

Albert Einstein a déclaré un jour que « L'escalier de la science est l'échelle de Jacob, il ne s'achève qu'aux pieds de Dieu... » Cette citation rejoint ma pensée et celles de milliers de scientifiques à travers le monde, dont le professeur Hugh Ross.

Dès son jeune âge, **Hugh Ross** était fasciné par l'Univers et tout ce qu'il contient. Sa carrière commença alors qu'il n'avait que sept ans, lorsqu'il se rendit à la bibliothèque pour tenter de découvrir pourquoi les étoiles étaient « chaudes ». Encore aujourd'hui, la physique et l'astronomie sont sa passion. À dix-sept ans, il était le plus jeune directeur d'observations du *Vancouver's Royal Astronomical Society*. Grâce à une bourse provinciale jumelée à des fonds du Conseil national de recherches Canada (CNRC), il obtint un diplôme de premier cycle en physique (Université de la Colombie-Britannique) et un diplôme d'étude supérieure en astronomie (Université de Toronto). Par la suite, Dr Ross poursuivit des études postdoctorales au *California Institute of Technology* (Caltech). Caltech est l'une des universités américaines les plus réputées dans le monde. Elle a à son actif plus de trente prix Nobel et plus de quatre prix Crafoord, ainsi que de nombreux lauréats de prix américains dans les domaines de la science, de la technologie et de l'ingénierie. C'est à cet endroit qu'il étudia les objets quasi stellaires ou « quasars », certains des objets les plus éloignés et anciens de l'Univers.

Le Dr Ross est un chercheur de très haut calibre, mais ce qu'il considère comme étant sa plus grande quête, c'est celle de la vérité. Je terminerai ce chapitre par un récit relatant sa plus grande découverte :

« Ma recherche de la vérité[73]

Je suis né à Montréal et j'ai grandi à Vancouver, au Canada. Mes parents avaient de bonnes valeurs morales, sans être religieux. Nos voisins aussi auraient pu être décrits comme étant non religieux. Je n'ai pas connu de chrétiens ni d'adeptes d'autres religions pendant ma jeunesse.

Même si j'habitais dans un quartier plutôt pauvre, les écoles publiques de l'endroit étaient exceptionnelles et les bibliothèques étaient bien garnies. Dès l'âge de sept ans, je lisais des livres de physique aussi rapidement que je le pouvais. À huit ans, je décidai de faire carrière en astronomie. Pendant les années qui s'ensuivirent, mes études sur le Big Bang me convainquirent que l'Univers avait un début, et qu'il devait donc y avoir un initiateur. Mais, tout comme les astronomes qui avaient écrit les livres que je lisais, je m'imaginais que cet initiateur était loin et communiquait peu.

Au secondaire, les cours d'histoire me troublaient, puisqu'il était évident que les gens prenaient leurs religions très au sérieux. Sachant que les philosophes européens du sciècle des Lumières avaient, pour la plupart, écarté la religion, mon idée initiale était d'étudier leurs ouvrages. J'y découvris des incohérences, des

73. Ross D. H., 1990, *Résumé et traduction libre*

contradictions, des évasions, ainsi qu'un raisonnement circulaire.

La prochaine étape logique était de me tourner vers les livres « saints ». Si Dieu, le Créateur, s'était prononcé au travers d'un de ces livres (et je ne croyais pas que c'était le cas), ce serait évident : la communication serait parfaitement vraie. Mon raisonnement était que si la religion était une invention de l'homme, alors leurs enseignements reflèteraient l'erreur humaine. Mais si le Créateur lui-même avait décidé de communiquer, son message serait sans erreur et aussi cohérent que les faits naturels. C'est donc en partant des faits historiques et scientifiques que j'entrepris d'évaluer chacun des livres « saints ».

Au début, cette tâche s'avérait facile. Après seulement quelques heures de lecture (et parfois moins), je pouvais trouver une ou plusieurs déclarations qui contredisaient manifestement les faits historiques et scientifiques. Je notai aussi un style d'écriture pouvant être décrit comme étant ésotérique et mystérieux. Ceci me parut incohérent avec l'idée que je me faisais de la personnalité du Créateur, selon ce que l'on peut voir dans la nature. Mon travail était facile jusqu'à ce que je retire la poussière de la bible que j'avais reçue des Gédéons quelques années auparavant dans le cadre de leur programme de distribution dans les écoles publiques.

Je trouvais ce livre particulièrement différent. Ses écrits étaient simples, directs et précis. J'étais émerveillé par le nombre de faits historiques et scientifiques (c.-à-d. testables) qu'elle contenait, ainsi que par les détails qu'on y trouvait. La première page de la Bible capta mon attention. Non seulement l'auteur décrivait-il des événements majeurs de la création de la vie sur la Terre, mais il les plaçait dans l'ordre scientifique et identifiait correctement l'état initial de la Terre.

Pendant l'année et demie qui suivit, je passai une heure par jour à chercher des incohérences scientifiques ou historiques dans la Bible. Je finis par admettre qu'elle était sans erreur et que tant de précision ne pouvait qu'émaner du Créateur lui-même. Je reconnus aussi que la Bible était d'une classe à part dans sa description de Dieu et de son interaction avec les hommes selon une optique qui nécessitait plus que nos dimensions humaines (longueur, largeur, hauteur et temps). De plus, je me prouvai à moi-même, en me basant sur les faits historiques et scientifiques, que la Bible était plus fiable que plusieurs lois de la physique. Le seul choix rationnel que j'avais était de faire autant confiance aux écrits bibliques qu'aux lois de la physique.

Puis, je compris que Jésus-Christ était le créateur de l'Univers, qu'il avait payé le prix pour mes offenses à Dieu, prix qui ne pouvait seulement être payé que par un être sans péché. Je compris que je pourrais avoir la vie éternelle en le laissant occuper sa juste place en tant que maître de ma vie. J'en avais compris assez pour savoir que cet engagement ne pouvait être secret. Il fallait qu'il soit public. Je devais donc l'annoncer à ma famille, à mes professeurs et à mes proches, malgré la peur du mépris et du ridicule dont j'allais sûrement être victime. Pendant plusieurs mois, j'hésitai.

J'étais confus. Pour la première fois de ma vie, mes résultats scolaires baissaient, et j'avais du mal à résoudre mes problèmes. J'étais en train de découvrir le vrai sens de Romains 1.21 qui dit que lorsqu'un homme rejette ce qu'il connaît et comprend de la vérité de Dieu, ses pensées deviennent futiles et son esprit s'assombrit. Les conséquences dont faisaient mention ces versets me donnaient des frissons.

Je savais ce que je devais faire, mais j'étais trop orgueilleux. Un soir, je demandai à Dieu de briser ma résistance et de faire de moi un chrétien. Je priai pendant six heures, sans aucune réponse apparente. Je finis par réaliser que Jésus ne forcerait personne à l'accepter, même si on le lui demandait. Il me revenait donc de m'humilier et de l'inviter à entrer dans ma vie. C'est ce que je fis à 1 h 6 du matin.

Je ressentis immédiatement l'assurance que Dieu ne me laisserait jamais tomber et que je lui appartenais pour toujours. Ma peur d'être ridiculisé s'estompa graduellement, et au fil des jours, j'appris à partager mes découvertes sur la vérité spirituelle avec mes collègues et mes professeurs. Par contre, n'étant pas en contact avec d'autres chrétiens, je trouvais que ma croissance dans ma relation avec Jésus était lente.

En arrivant à Caltech pour mes études postdoctorales, je rencontrai enfin un chrétien sérieux, Dave Rogstad. Celui-ci m'invita à l'accompagner à un séminaire sur l'application des principes bibliques au quotidien. C'est ainsi que je me retrouvai assis avec 16 000 chrétiens engagés. J'étais émerveillé de constater qu'il y en avait tant. Tout ce que j'apprenais m'aidait et me touchait.

Dix ans plus tard, lorsque d'importantes percées scientifiques prouvèrent pratiquement l'existence du dieu de la Bible, un groupe d'amis m'encouragea à former un organisme, *Reasons to Believe*, afin de communiquer ces nouvelles découvertes au plus de gens possible. C'est avec fierté que je vous déclare que chaque année passée avec Jésus comme Sauveur et Seigneur en est une où je retrouve la joie en lui, et le plaisir que j'éprouve en partageant sa vérité avec les autres augmente. Je n'échangerais ma relation avec lui pour rien au monde. »

Le témoignage du Dr Ross m'inspire. J'admire son honnêteté et son humilité. Qui que nous soyons, peu importe les diplômes que nous ayons, nous sommes tous confrontés à ces questions : Qui est derrière tout cela ? Qui a pu engendrer et modeler un si grand Univers ? Malgré toutes les recherches effectuées à ce jour, notre bonne vieille Terre demeure la seule planète où la vie est présente : serait-ce l'intervention d'un être suprême qui aurait modelé le cosmos dans notre intérêt ? Face à de telles perfection, précision et complexité, face à cette incommensurable grandeur, ne serait-il pas envisageable de croire que seul un créateur, un concepteur pourvu de capacités que nous ne pouvons saisir puisse en être l'auteur ? Les experts en art savent reconnaître les œuvres des grands peintres ou des grands sculpteurs en observant leurs créations. Même si je ne suis pas une spécialiste en la matière, je reconnais le style de Monet ou de Picasso. La nature a elle aussi une signature. Le Dr Ross, à l'instar de milliers d'autres scientifiques, reconnait que Dieu est l'auteur de ce chef-d'œuvre. Et vous, qu'en pensez-vous ? Vous n'en êtes pas encore certain ? Je compte vous dévoiler une autre « toile » dans le prochain chapitre, j'espère qu'elle vous convaincra.

Chapitre 4

EST-IL POSSIBLE QUE LA THÉORIE DE L'ÉVOLUTION METTE EN LUMIÈRE L'ŒUVRE D'UN ÊTRE SUPRÊME ?

Cette question en surprendra sans doute plusieurs. S'il existe un sujet sur lequel croyants, athées et agnostiques semblent être en désaccord, c'est bien celui de l'évolution. Depuis la publication de l'ouvrage *De l'Origine des espèces* (1859) de **Charles Darwin,** la controverse à propos de la théorie de l'évolution perdure entre l'Église et la communauté scientifique. Je n'ai pas la prétention de vouloir ni de pouvoir clore ce débat ici. Je sais fort bien que lorsque l'on parle de la théorie de l'évolution, les croyances sont enracinées dans tous les camps. Toutefois, j'aimerais vous inviter à adopter la même démarche intellectuelle et à faire preuve de la même ouverture d'esprit que celles qui vous ont animé au chapitre 2. Dans les pages qui suivent, mon objectif n'est pas d'alimenter inutilement de vieux débats, je souhaite plutôt vous donner la possibilité d'élargir vos connaissances et vous présenter une vision plus large du sujet. Mon désir est de vous amener à réfléchir à la question suivante : Le concept d'évolution est-il si opposé que cela à celui de l'existence d'un Dieu créateur ? Ou au contraire, est-il possible que le concept et les processus d'évolution soient en fait des arguments scientifiques supplémentaires en faveur de l'œuvre extraordinairement ordonnée et sophistiquée d'un être suprême ?

La théorie de l'évolution proposée par Charles Darwin

Commençons par le début. Qu'est-ce que la théorie de l'évolution selon Darwin ? Cette théorie est issue des multiples observations faites par le biologiste Charles Darwin lors de ses nombreux voyages en Amérique du Sud et aux îles Galápagos, lesquelles ont fait l'objet d'un ouvrage publié en 1859 : *De l'Origine des espèces* révolutionna l'histoire de la biologie. En voici un bref résumé :

> « Toutes les espèces vivantes descendent d'un petit ensemble d'ancêtres communs, peut-être même un seul. La variation au sein d'une espèce est aléatoire, et la survie ou la disparition de chaque organisme dépend de la capacité à s'adapter à l'environnement selon un processus appelé la sélection naturelle[74]. »

Ainsi, selon Darwin, toutes les espèces (y compris l'homme) sont le fruit d'une évolution qui peut être représentée sous la forme d'un arbre phylogénétique[75].

---

74. Collins F. S., 2006, *traduction libre.*

75. *Un arbre phylogénétique est un arbre schématique qui montre les relations de parentés entre des groupes d'êtres vivants. Chacun des nœuds de l'arbre représente l'ancêtre commun de ses descendants ; le nom qu'il porte est celui du clade formé des groupes frères qui lui appartiennent, non celui de l'ancêtre qui reste impossible à déterminer.*

Dès sa parution, *De l'Origine des espèces* a suscité la controverse, mais curieusement, les réactions des autorités religieuses de l'époque ne furent pas aussi négatives que celles que nous aurions pu connaitre aujourd'hui. À cette époque, le célèbre théologien protestant **Benjamin Warfield,** directeur du Séminaire théologique de Princeton (1887-1921) avait qualifié l'évolution de « théorie sur la méthode de la providence divine[76] ». Selon lui, l'évolution elle-même devait avoir un auteur surnaturel.

À ce jour, les écrits de Darwin sont plutôt utilisés pour nier l'existence de Dieu. Pour un grand nombre de ceux qui considèrent cette théorie comme viable, l'évolution se serait produite par le seul hasard, sans aucune intervention créatrice d'un être suprême. Toutefois, une lecture complète des écrits de Charles Darwin révèle que ce dernier n'a jamais contesté la possibilité de l'existence d'un Dieu tout puissant à l'origine du processus d'évolution :

> « Je ne vois aucune raison pour que les opinions développées dans ce volume blessent les sentiments religieux de qui que ce soit... Un célèbre ecclésiastique m'écrivant un jour m'a dit qu'il avait fini par comprendre que croire à la création de quelques formes capables de se développer par elles-mêmes en d'autres formes nécessaires, c'est avoir une conception tout aussi élevée

---

L'arbre peut être enraciné ou pas, selon qu'on est parvenu à identifier l'ancêtre commun à toutes les feuilles. Charles Darwin fut un des premiers scientifiques à proposer une histoire des espèces représentée sous la forme d'un arbre. Source : http://fr.wikipedia.org/wiki/Arbre_phylogenetique.

76. Collins F. S., 2006, *traduction libre.*

> de Dieu que de croire qu'il ait eu besoin de nouveaux actes de création pour combler les lacunes causées par l'action des lois qu'il a établies[77]. »

Et Darwin conclut son livre par la phrase suivante :

> « N'y a-t-il pas une véritable grandeur dans cette manière d'envisager la vie, avec ses puissances diverses attribuées primitivement par le Créateur à un petit nombre de formes, ou même à une seule ? Or, tandis que notre planète, obéissant à la loi fixe de la gravitation, continue à tourner dans son orbite, une quantité infinie de belles et admirables formes, sorties d'un commencement si simple, n'ont pas cessé de se développer et se développent encore ![78] »

Les croyances personnelles de Darwin demeurent ambigües et ont semblé varier tout au long des dernières années de sa vie. Il lui est arrivé d'affirmer que le terme agnostique reflétait plus justement son état d'esprit. À un autre moment, il luttait avec : « l'extrême difficulté ou plutôt l'impossibilité de concevoir cet Univers immense et magnifique, y compris l'homme avec sa capacité de regarder au loin dans le passé et dans le futur, comme le résultat d'un hasard ou d'une nécessité aveugle. Quand je réfléchis ainsi, je me sens obligé d'imaginer une Cause première douée

77. Darwin, 1859
78. *Ibid.*

d'un esprit intelligent, analogue à un certain degré à celui de l'homme ; et je mérite d'être appelé théiste[79]. »

D'autre part, les manuels d'histoire nous rapportent que lors de la rédaction de son ouvrage, Darwin était profondément influencé par le **Dr Asa Gray** (célèbre botaniste américain et professeur d'histoire à l'Université Harvard) qui l'introduisit à la pensée créationniste[80] plutôt qu'au hasard pour expliquer le processus d'évolution.

Il est donc intéressant de noter qu'à son époque, la pensée qu'une intelligence supérieure ou qu'un être suprême ait pu jouer un rôle dans l'évolution des espèces était tout à fait possible. Pourtant, aujourd'hui, la théorie de l'évolution semble d'emblée associée au naturalisme, doctrine philosophique qui affirme que la nature existe par elle-même, sans cause ni principes extérieurs à elle[81]. À quoi devons-nous ce changement de pensée si radical ? C'est ce que nous explorerons ensemble.

Pendant mes études universitaires, je côtoyais de fervents défenseurs de la théorie de l'évolution. Souvent, leurs arguments n'étaient pas tant fondés sur des bases scientifiques que philosophiques. D'ailleurs, vous conviendrez que lorsque le sujet de l'évolution est abordé, il est rare que la conversation demeure neutre et objective, peu importe si nous sommes croyants, athées ou agnostiques. Par contre, les grandes discussions philosophiques avec mes collègues

---

79. Collins F. S., 2006, *traduction libre*

80. *Doctrine selon laquelle Dieu est le créateur de l'univers*

81. Dictionnaire *français* Larousse

au sujet de la gravité ou de l'évaporation de l'eau étaient plutôt rares, car tous reconnaissaient que ces phénomènes sont d'ordre purement scientifique. Comme toutes les autres théories scientifiques, celle de l'évolution devrait, elle aussi, être soit acceptée, soit rejetée, mais uniquement sur la base de faits et d'avancées scientifiques. En adoptant cette démarche intellectuelle, nous évitons de propager certaines idées reçues et certains mythes souvent associés à un manque de connaissance.

Pour illustrer mon propos, permettez-moi de vous retranscrire un extrait d'une entrevue du **Dr Richard Dawkins** (un des défenseurs les plus médiatisés de la pensée athéiste) à la chaîne de télévision américaine *CNN*.[82]

> « L'évolution est un fait. C'est un fait qui est établi de façon aussi sûre que n'importe quel autre fait que nous avons dans le domaine de la science. Il est tout à fait véridique d'affirmer que l'évidence en faveur de l'évolution est absolument, totalement écrasante. Personne, en y regardant de près, ne pourrait en douter à moins d'être stupide. Donc la seule option qui reste est que ceux qui doutent sont ignorants. Et la plupart des gens qui ne croient pas en l'évolution sont effectivement ignorants. Il n'y a pas la moindre évidence du dieu judéo-chrétien. »

Cette déclaration n'est pas objective et ne repose sur aucune base scientifique. Mais en raison de sa grande portée médiatique, ce type d'énoncé contribue à nourrir le

82. Wilkinson, 2009

mythe selon lequel la théorie de l'évolution est un fait intégralement prouvé, scientifiquement parlant.

La meilleure façon de valider ou d'invalider cette affirmation est d'analyser l'état des connaissances actuelles sur les deux principes majeurs sous-jacents à cette théorie, à savoir :

1) La variation et l'adaptation des espèces par la sélection naturelle ;
2) Toutes les espèces vivantes descendent d'un ancêtre commun.

1) La variation et l'adaptation des espèces par la sélection naturelle

Sans nécessairement être évolutionniste, il est aisé de concevoir qu'au fil des années, les espèces se sont adaptées à leur environnement et que certains milieux favorisent certaines espèces plutôt que d'autres. L'environnement a une influence sur l'évolution des espèces et des populations par le fait qu'il sélectionne les individus les plus adaptés. C'est la sélection naturelle : les traits favorisant la survie et la reproduction sont de plus en plus fréquents d'une génération à l'autre, et cela découle logiquement du fait que les porteurs ont plus de descendants, et que ces derniers portent aussi ces traits (puisqu'ils sont héréditaires).

Certaines variations avantageuses dans un environnement donné peuvent devenir néfastes sous d'autres conditions. En voici quelques exemples :

Les animaux qui vivent dans les milieux enneigés ont une fourrure blanche plutôt que foncée. Cela provient de leur processus d'adaptation à leur écosystème. En effet, dans les milieux où il y a de la neige, la fourrure blanche agit comme camouflage et permet aux animaux de ne pas être vus par leurs futurs proies et prédateurs. Ainsi, au fil des générations, la sélection naturelle favorise les espèces les mieux adaptées à leur environnement. C'est ainsi que l'on retrouve les ours polaires dans les milieux enneigés et les grizzlys dans les milieux forestiers.

J'aimerais vous donner un autre exemple plus détaillé pour illustrer ce point : la capacité d'adaptation de l'épinoche à son environnement est fascinante. L'épinoche à trois épines est un petit poisson que l'on retrouve dans les océans, les rivières et les lacs de l'hémisphère nord. Les populations vivant dans l'eau douce sont distinctes de celles des océans. Une différence majeure réside dans l'armure protectrice qui recouvre leur corps. Alors que les épinoches océaniques ont environ 30 plaques de blindage s'étendant de la tête à la queue, la plupart des épinoches d'eau douce n'en ont qu'une poignée localisée près de l'avant du corps. La modification de l'armure protectrice entre les deux « cousines » est due au fait qu'en fonction de l'habitat — eau salée ou eau douce — leurs prédateurs ne sont pas les mêmes, et donc, leurs besoins de protection sont différents. L'épinoche s'est ainsi adaptée à son environnement afin de mieux se protéger. De plus, une équipe de chercheur a pu démontrer que cette modification de l'armure protectrice provenait de l'évolution d'un gène chez ce poisson (on parle alors de mutation génétique).

Au fil des années, l'homme aussi a su s'adapter à son environnement. Il y a à peine dix ans de cela, les scientifiques n'avaient pas encore les outils nécessaires pour mesurer les réactions génétiques chez l'homme en réponse à des changements dans son milieu. Cette réalité a changé depuis 2001 avec la cartographie complète du séquençage de notre génome, ainsi que la production de bases de données référençant les nombreuses variations génétiques. Aujourd'hui, l'étude des variations ponctuelles dans l'ADN d'individus issus de différentes populations du monde montre que nos ancêtres se sont génétiquement adaptés aux changements dans leurs milieux.

Le **Dr Jonathan Pritchard** (professeur de génétique humaine à l'Université de Chicago et chercheur à l'Institut médical Howards Hughes aux États-Unis) explique comment, il y a de cela quelques milliers d'années, des hommes venus de Chine et immigrants sur le Plateau tibétain ont dû s'adapter à leur environnement. Pour la première fois, ces hommes se retrouvaient sur une vaste étendue de steppes qui culmine à quelque 4 200 mètres au-dessus du niveau de la mer, au nord de l'Himalaya. Alors que ces pionniers colonisaient cet écosystème qui leur était totalement nouveau, leur corps n'était pas adapté à la faible concentration d'oxygène présente à cette altitude. Cette contrainte respiratoire a fort probablement entraîné le syndrome du « mal des montagnes chronique » ainsi que l'augmentation significative de la mortalité infantile dans cette population.

En 2010, plusieurs études génétiques ont identifié des variantes de gènes intervenant dans l'utilisation et la consommation d'oxygène. Ceux-ci, fréquents chez les Tibétains, mais rares dans les autres groupes humains, expliqueraient l'adaptation des pionniers aux rudes conditions du Plateau tibétain. Selon le Dr Pritchard, il s'agit là d'un exemple spectaculaire d'adaptation biologique rapide de l'homme à de nouvelles conditions environnementales.

La taille moyenne des hommes dans les 150 dernières années offre un autre exemple d'évolution facilement observable. Dans un article publié en 2010, une équipe de chercheurs a recensé la taille moyenne de plusieurs populations européennes et en est arrivée aux conclusions suivantes[83] :

- De décennie en décennie, la taille moyenne des Européens ne cesse d'augmenter.
- En seulement 125 ans, la taille moyenne des Européens a augmenté de 10 cm. Alors qu'elle était de 1,65 m en 1850, elle est de 1,75 m aujourd'hui.

La couleur de notre peau est un autre bon exemple d'adaptation ou de microévolution. Les différences anatomiques que l'on perçoit entre un individu africain ou nord-américain sont causées par l'expression plus ou moins forte de gènes communs. Les mélanocytes sont des cellules de l'épiderme qui produisent de la mélanine (pigment naturel)

83. Hatton, 2011

responsable de la couleur de la peau. Selon sa concentration, ce pigment fonce plus ou moins notre épiderme. La quantité et l'intensité des rayons solaires agissent sur notre corps qui, pour se protéger et s'adapter, produira plus ou moins de mélanine : c'est le phénomène du bronzage.

Ainsi, les populations exposées de façon continue au soleil ont développé une peau plus foncée, tandis que plus on se déplace vers les pôles (moins la peau reçoit d'UV en moyenne dans l'année), plus la couleur de la peau s'éclaircit. La couleur de notre peau peut donc s'adapter au facteur « lumière du soleil » de l'environnement. Cette adaptation est fort probablement due au phénomène de sélection naturelle. En effet, l'assombrissement de la peau est un moyen de protection très efficace contre les risques de brûlure. On peut facilement imaginer qu'au fil des siècles et des millénaires, dans des climats extrêmement chauds et ensoleillés, la capacité d'adaptation des hommes à la peau foncée devait être supérieure à celle de ceux ayant la peau claire.

Sans contredit, toutes les espèces vivantes, l'humain y compris, ont la capacité d'évoluer (microévolution) en s'adaptant à leur environnement par un phénomène de transformation génétique. Les mutations changent l'information génétique en modifiant la séquence de l'ADN d'une cellule, causant ainsi des variations au sein d'une même espèce. Les mutations les moins favorables (ou délétères) à la survie de l'individu qui les porte sont éliminées par le jeu de la sélection naturelle, tandis que celles qui sont avantageuses, beaucoup plus rares, tendent à s'accumuler. L'évolution au sein d'une même espèce s'avère ainsi un fait prouvé et accepté par la communauté scientifique.

J'aimerais à présent vous amener à considérer cette notion de microévolution à la lumière de la foi chrétienne en vous posant les quelques questions suivantes : Selon vous, qui a placé en l'homme cette capacité à adapter sa couleur de peau à son environnement ? Qui a créé l'armure protectrice de l'épinoche et les gènes responsables de sa modification en fonction de l'environnement ? Pourquoi ne pas considérer cette capacité d'évolution retrouvée chez l'homme et dans toute la création comme un argument supplémentaire pour le génie créateur, inégalé et infini de Dieu ? Pensez-vous vraiment que le Dieu créateur des systèmes solaires, des galaxies et des étoiles innombrables nous aurait créés dépourvus des fonctions nous permettant de nous adapter à quelque obstacle que ce soit ? La biologie moléculaire explique cette capacité d'évolution et d'adaptation de toutes les espèces par l'entremise de modifications au cœur de notre génome (mutation génétique). Mais qui a créé notre code génétique ? Qui a imaginé une complexité moléculaire aussi inouïe et pourtant si incroyablement organisée qu'est notre ADN ?

Souvent, nous nous sentons menacés dans notre foi lorsque la théorie de l'évolution est avancée, comme si elle s'opposait systématiquement à Dieu ou réduisait son œuvre créatrice. Mais je vous invite plutôt à considérer la possibilité que ce soit Dieu lui-même qui a placé en nous tous les processus et mécanismes moléculaires qui nous rendent capables de nous adapter et d'évoluer face à chaque obstacle ou défi qui se présenterait à nous.

Dans son magnifique Psaume 139, David écrit : *Seigneur, merci d'avoir fait de mon corps une aussi grande merveille. Ce que tu réalises est prodigieux. Quand j'étais encore informe, tu me voyais ; dans ton livre, tu avais déjà noté toutes les journées que tu prévoyais pour moi, sans qu'aucune d'elles n'ait pourtant commencé.* Puisque notre Dieu connait à l'avance chaque journée qu'il a prévue pour nous, je trouve rassurante et édifiante la pensée qu'il a placé en chacun la capacité de s'adapter et de faire face à tout ce qui pourrait se présenter à nous chaque jour.

Si la microévolution est un fait observable, la macroévolution, c'est-à-dire l'évolution sur une grande échelle de temps à un stade supérieur de l'espèce, comme notamment le passage des reptiles aux oiseaux, est quant à elle encore en quête de preuve. Bien qu'elle soit largement enseignée, cette théorie néodarwinienne n'a toujours pas été démontrée scientifiquement. Elle se résume ainsi :

« Les formes de vie sont issues d'un ancêtre commun et ont évolué grâce à des mutations génétiques dues au hasard. Cette approche tient pour acquis que les formes de vie ont microévolué vers des variations similaires d'elles-mêmes (comme les multiples espèces de pinsons) par une succession de petits changements, et, en fin de compte, des créatures différentes ont macroévolué (comme le poisson devenant un amphibien ou un mammifère terrestre devenant une baleine) au fil des âges géologiques[84]. »

En d'autres termes, la pensée néodarwinienne a été développée par extrapolation, en adoptant le raisonnement suivant : Si l'évolution est possible au sein d'une même population, il est logique de penser qu'elle le soit aussi entre les espèces. Mais attention, cette conclusion est hâtive. Des preuves scientifiques doivent pouvoir la confirmer, et d'ici là, nous devons demeurer prudents. D'ailleurs, cette théorie n'est pas unanimement retenue par la communauté scientifique concernée faute de preuves concluantes.

Voici quelques déclarations de scientifiques spécialisés dans le domaine de l'évolution qui expriment leur réticence face à la pensée néodarwinienne.

- **Sean Carroll**, biologiste récipiendaire de la médaille Benjamin Franklin en 2012 dans la catégorie des sciences de la vie affirme :

  « Depuis longtemps, la biologie évolutionnaire peine à déterminer si les processus observables au sein des populations et espèces existantes (microévolution) suffisent à expliquer les changements majeurs que l'on constate au cours des périodes plus longues de l'histoire de la vie (macroévolution)[85]. »

84. Ross H., 2003 – *Traduction libre*

85. *Ibid.*

- **Sir Julian Huxley,** biologiste britannique reconnu comme étant un des grands défenseurs de l'évolution, a lui-même proposé l'idée de la macroévolution. Toutefois, il soutient que :

  « Il faut admettre qu'il n'a pas encore été prouvé que les mutations de l'évolution se sont produites dans des conditions naturelles[86]. »

- **Pierre-Paul Grassé,** zoologiste français, auteur de 300 publications incluant son *Traité de Zoologie* (17 tomes et 38 volumes), partage aussi cette pensée :

  « Insister que la vie ne soit apparue que par hasard et qu'elle ait évolué ainsi est une hypothèse sans fondement qui ne correspond pas aux faits[87]. »

- **Dr Scott Gilbert,** auteur du livre *Developmental Biology*, **Dr John Opitz,** reconnu pour ses travaux sur les anomalies chez les enfants et l'hérédité et le **Dr Rudolf Raff,** connu pour ses recherches en biologie du développement évolutionnaire :

  « On ne peut considérer que les changements microévolutionnaires présents dans la fréquence des gènes soient en mesure de transformer un reptile en mammifère ni de convertir un poisson en amphibien... L'origine des

---

86. *Ibid.*

87. *Ibid.*

espèces — la problématique au cœur des préoccupations de Darwin — demeure un mystère[88]. »

L'hypothèse principale qui infirme la possibilité de voir de nouvelles espèces émerger de nouvelles mutations génétiques est que ce type de mutations est extrêmement rare et difficilement observable, puisqu'il doit se produire sur une longue période de temps. En fait, il est si rare qu'il pourrait ne pas se produire dans notre vie ni même avant plusieurs générations.

Par contre, si cette macroévolution est vraie ou du moins possible, elle devrait être observable sur les bactéries. Dans les conditions idéales, une bactérie peut se diviser toutes les 20 minutes. Cela signifie que si toutes les conditions sont réunies, une bactérie peut se multiplier en des milliards d'autres dans les 24 heures. À une telle vitesse de multiplication et de reproduction, elles peuvent être utilisées comme modèle pour simuler des périodes de temps extrêmement longues. Si la macroévolution est vraie, il ne devrait pas être inconcevable de voir les bactéries acquérir de nouvelles informations génétiques. Il ne devrait pas non plus être déraisonnable de voir une bactérie évoluer vers un organisme multicellulaire. Mais alors, pourquoi cela n'a-t-il jamais été observé ? Peut-être est-ce simplement dû au fait que les changements nécessaires pour passer de la microévolution à la macroévolution ne sont pas ceux qui sont proposés.

---

88. *Ibid.*

La microévolution est un phénomène observable et accepté par l'ensemble de la communauté scientifique et ne fait que révéler la grandeur du Dieu créateur. Cependant, nous manquons encore considérablement de preuves scientifiques en appui à la macroévolution. Ceci étant dit, regardons à présent le deuxième principe majeur sous-jacent à la théorie de l'évolution.

2) Toutes les espèces vivantes descendent d'un petit ensemble d'ancêtres communs, peut-être même d'un seul.

D'après la théorie de l'évolution de Darwin, toutes les espèces vivantes descendraient d'un petit ensemble d'ancêtres commun et peut-être même d'un seul. Cet être unicellulaire aurait, au fil du temps et des modifications génétiques, évolué pour former les invertébrés qui à leur tour se sont transformés en poissons, amphibiens, reptiles, oiseaux et mammifères.

Je crois que cette idée est la plus novatrice que Darwin ait apportée. À ce sujet, j'aimerais préciser que contrairement à l'idée reçue, Darwin n'a jamais prétendu que l'ancêtre de l'homme était le singe. Il a plutôt supposé que tous deux, l'homme et le singe, tiraient leur origine d'une simple cellule.

Alors à mon sens, les questions les plus importantes à soulever sont : D'où cette première cellule tire-t-elle son origine ? Comment a-t-elle été créée ?

Lorsque Darwin a élaboré sa théorie, le fonctionnement de la cellule et des molécules qui la composent était peu connu. Ce qui apparaissait comme une simple cellule à l'époque de Darwin s'est avéré, avec les outils d'analyses performants que nous possédons aujourd'hui, être une structure d'une complexité inimaginable. Avec mon bagage de connaissances en biologie cellulaire et moléculaire, il m'est difficile de me représenter simplement une cellule. Une simple cellule requiert une organisation et un fonctionnement tellement prodigieux! Et il nous reste encore tant à découvrir!

La communauté scientifique suggère (et c'est ce qui est enseigné dans les écoles) que la première cellule est apparue sur la Terre à la suite de réactions chimiques spontanées, soit l'abiogenèse de la vie (Grec *a* = sans, *bios* = vie, et *genèse* = commencement, origine). Cette approche soutient que les organismes sont nés de matériaux non vivants et inanimés à un point du passé très lointain.

Des milliers de chercheurs tentent d'apporter des preuves et des explications à cette théorie. Dans l'éditorial du magazine français *Les dossiers de La Recherche* de février — mars 2013[89] portant sur les origines de la vie, on lit ce qui suit :

> « En ce moment même, un robot de 900 kilogrammes roule sur la surface de Mars. Les informations qu'il recueille précisent nos connaissances sur le climat passé de la Planète Rouge et, partant, sur la possibilité que la vie y soit apparue. En ce moment aussi, sur Terre,

89. D'où vient la vie ?, Février - mars 2013

des chimistes tentent de synthétiser les molécules fondamentales du vivant sans l'aide de machineries biologiques. Des biologistes fabriquent les cellules les plus simples possible. Et des paléontologues analysent des roches pour y trouver des traces des plus anciens organismes microscopiques... »

Tels des Sherlock Holmes, les scientifiques essaient de résoudre la plus grande énigme de l'humanité : Comment la vie a-t-elle émergé sur la Terre ? Un défi titanesque !

Malgré toutes les avancées scientifiques, il existe encore beaucoup de questions sans réponse. Nous manquons encore d'arguments pour expliquer l'apparition et l'évolution des espèces sur la Terre. Face à ces interrogations non résolues, ne serait-il pas justifié de considérer une autre optique sur l'évolution que celle avancée par les athées ? Puisque le naturalisme ne peut pas tout expliquer, au lieu de croire que l'évolution des espèces est totalement guidée par le hasard, est-il possible qu'elle soit conduite par un être suprême ? Comme l'a si bien dit Einstein, « le hasard, c'est Dieu qui se promène incognito ».

Plusieurs scientifiques partagent cette opinion et croient que l'origine et l'évolution des espèces vivantes nécessiteraient l'action créatrice d'un être suprême, d'un Dieu créateur.

Le **Dr Francis Collins,** éminent généticien américain, nous offre un des plus beaux témoignages à ce propos. Il est considéré comme l'un des plus grands scientifiques de notre époque. En 1989, alors qu'il travaillait à l'*Hospital for Sick Children* de Toronto au Canada, son équipe de recherche identifia le gène causant la fibrose kystique. Peu après, en 1990, ils identifièrent le gène de la neurofibromatose puis, « après avoir effectué les recherches les plus longues et les plus frustrantes des annales de la biologie moléculaire[90] », en 1993, Collins et ses collègues repérèrent le gène défectueux causant la maladie de Huntingdon.

Francis Collins a reçu plusieurs prix nationaux et internationaux pour ses recherches, il est membre de l'Institut de médecine et de l'Académie nationale de sciences des États-Unis. Dans son laboratoire, toujours actif, on étudie la génétique moléculaire des maladies, notamment celle des cancers du sein et de la prostate, et du diabète de type 2.

En 1993, le Dr Collins accepta de succéder à **James Watson,** codécouvreur de la structure en 3D de l'ADN, au poste de directeur du *National Center for Human Genome Research* du *National Institute of Health*. Plusieurs considèrent cette découverte comme étant la plus importante de l'histoire de la science. En avril 2003, le Dr Collins annonçait l'achèvement du séquençage complet du génome humain. Alors que nous comprenons la fonction précise de chaque gène, cette nouvelle découverte mènera à d'innombrables avantages dans la lutte aux maladies congénitales et héréditaires.

---

90. Hole, 1998- *traduction libre*

En 2007, on décernait au Dr Collins la médaille présidentielle de la Liberté[91] qui représente la plus prestigieuse distinction civile des États-Unis. Voici un extrait de la citation accompagnant ce prix : « Cet énorme progrès de la connaissance scientifique a ouvert la porte à certains des plus grands mystères de la vie humaine et pourrait permettre de développer des traitements et des moyens de guérir certaines des plus graves maladies. Les États-Unis honorent Francis Collins pour ses efforts visant à décrypter l'ADN humain et améliorer la santé humaine[92]. »

En août 2008, le Dr Collins cédait sa place après avoir été directeur du *National Center for Human Genome Research* pendant 15 ans. Moins d'une année plus tard, le président Barack Obama le nommait directeur du *National Institute of Health* (NIH). Le NIH fait partie du *Department of Health and Human Services* et est la principale agence fédérale qui mène et appuie les recherches médicales.

Le Dr Collins est l'auteur du livre *The Language of God* où il écrit : « Pour moi, cela ne fait aucun doute, Dieu est le créateur de l'Univers et a établi les lois naturelles qui le gouvernent. Le réglage fin, la beauté et l'ordre de la nature font état d'un concepteur divin... C'est ma compréhension des processus biologiques qui explique mon passage de l'athéisme au christianisme[93]. »

---

91. *Medal of Freedom*
92. Hole, 1998, *traduction libre*
93. Collins F., *traduction libre*

J'aimerais conclure ce chapitre par une entrevue où il explique comment il en est arrivé à cette conclusion.

Entrevue avec Dr Francis Collins[94]

Question : Vous dites que vous étiez un athée particulièrement détestable quand vous étiez jeune. Pouvez-vous me dire ce que vous voulez dire par là ?

F. Collins : Eh bien, dans mon enfance, j'étais vaguement conscient de ce qui se passait à l'église, car j'étais membre de la chorale pour jeunes garçons de l'église épiscopale de ma ville. J'avais bien compris qu'il me fallait apprendre la musique à cet endroit, mais que je ne devais pas porter attention à tout le reste, ce que je faisais soigneusement. Quand je suis arrivé à l'université et qu'on m'a demandé quelles étaient mes croyances, j'ai réalisé que je ne le savais pas. J'écoutais d'autres personnes défendre leur point de vue voulant que la religion et les croyances relèvent de la superstition, et je me suis mis à dire que c'était probablement ce que je croyais aussi. « Dieu nous a donné la possibilité, par la science, de comprendre le monde naturel, mais la science ne pourra jamais prouver l'existence de Dieu. »

Puis, une fois devenu un étudiant diplômé en mécanique quantique de Yale, j'ai été très attiré par l'idée que tout dans l'Univers pouvait être décrit par une équation différentielle de second ordre. J'ai brièvement lu ce qu'Einstein avait

94. Hole, 1998, *traduction libre*

dit sur Dieu et j'en suis venu à la conclusion que si Dieu existait, il était probablement très loin, quelque part dans l'Univers, et que ce n'était certainement pas un Dieu qui se souciait de moi. En réalité, je ne voyais vraiment pas pourquoi j'avais besoin d'un dieu quelconque. J'avais une vision très réductionniste. C'est souvent ce que la science impose à notre processus de réflexion, et c'est une bonne chose quand vous le mettez en pratique dans le monde naturel, mais je cherchais à l'appliquer à tout le reste. Il est clair que le monde spirituel est une tout autre entité.

J'en étais venu à la conclusion que tout ce qui concernait la religion et la foi n'était que le fruit de ma jeunesse, d'une époque irrationnelle, et que puisque la science avait commencé à découvrir comment les choses étaient réellement, nous n'avions tout simplement plus besoin de la foi. Je pense que vous n'auriez pas beaucoup apprécié un dîner en ma compagnie à cette époque-là. Je m'étais donné pour mission de démasquer cette ancienne façon de réfléchir chez les gens qui m'entouraient, pour les amener à réaliser qu'ils devaient vraiment passer à autre chose, laisser de côté toutes ces choses émotionnelles et faire face au fait qu'il n'existait rien hormis ce qu'on peut mesurer.

Question : Le célèbre écrivain irlandais C.S. Lewis n'était pas préoccupé par la recherche scientifique comme vous l'êtes, mais il partageait certaines de vos opinions. Comment avez-vous découvert ses œuvres, et pourquoi vous ont-elles influencé ?

F. Collins : J'ai terminé mes études de physique quantique, mais je vivais une crise personnelle, car je réalisais que je ne voulais pas faire cela pour le reste de mes jours. C'était trop abstrait, trop loin de la réalité des préoccupations humaines. Comme je nageais en pleine confusion, j'ai décidé de faire des études de médecine pour explorer le côté plus humain de la science, notamment la biologie.

C'est donc à titre d'étudiant en médecine, puis de résident, confronté aux réalités de ce que la maladie et l'ombre de la mort provoquent chez des êtres humains, que je me suis posé des questions sur tout cela. Il était clair que certains de mes patients qui traversaient d'horribles épreuves trouvaient le courage dont ils avaient besoin en s'appuyant sur leur foi. Ils étaient accablés de maladies terribles auxquelles ils n'échapperaient probablement pas, mais au lieu d'en vouloir à Dieu, ils semblaient réellement puiser beaucoup de réconfort et de paix dans leur foi. En quelque sorte, ils ne semblaient pas voir les choses de façon aussi horrible que moi. Ce que je trouvais particulièrement intéressant, déconcertant et troublant.

En leur posant des questions, j'ai pris conscience de quelque chose de fondamental : j'avais pris la décision de rejeter toute conception du monde reliée à la foi sans vraiment savoir ce que je rejetais. Ça m'inquiétait. En tant que scientifique, vous ne devez pas prendre de décision sans posséder de données. De toute évidence, je n'avais pas amassé de données sur ce que représentait la foi.

J'étais tout de même assez convaincu que les traditions religieuses n'étaient que superstition, qu'elles ne s'appliquaient pas à moi et qu'elles n'étaient d'aucun intérêt pour moi. Par contre, je me sentais obligé d'en apprendre un peu plus sur ce que j'avais rejeté. Avec la ferme intention de tirer un trait sur tout cela, j'ai pris rendez-vous avez un pasteur méthodiste à Chapel Hill, dans la ville où j'habitais alors. Assis dans son bureau, je portais plein d'accusations et j'ai probablement blasphémé à maintes reprises. Mais je lui ai quand même demandé de m'aider à aller au fond de la question. Il fut très tolérant et patient. Il m'écouta, me suggérant, pour commencer, qu'il serait bon pour moi de lire sur ces questions religieuses et sur ce qu'elles représentaient. Peut-être que la Bible serait un bon point de départ. À ce moment-là, cette perspective ne m'intéressait pas vraiment. Il me dit aussi que mon histoire lui rappelait celle d'un autre, un érudit d'Oxford, C.S. Lewis.

Je n'avais aucune idée de qui était C.S. Lewis. Par contre, le fait qu'il ait été un érudit plaisait beaucoup à mon orgueil intellectuel. Un homme de cette prestance aura surement écrit quelque chose que je pourrais apprécier.

Cet aimable pasteur me donna son propre exemplaire du livre *Mere Christianity* (traduit sous deux titres : *Les fondements du christianisme* et *Voilà pourquoi je suis chrétien*) où Lewis souligne les arguments qui l'ont conduit à croire non seulement que l'existence de Dieu est possible, mais plausible. Une personne rationnelle étudiant les faits aurait davantage tendance à croire que la foi est le meilleur des choix que de ne pas le croire.

Je n'étais vraiment pas prêt à entendre un tel concept. Jusque-là, je crois que personne ne m'avait suggéré que la foi pouvait être une conclusion logique à une réflexion rationnelle. Dans mon cas, et je suppose que c'est aussi le cas de plusieurs autres scientifiques qui n'ont jamais porté attention aux preuves, j'avais tenu pour acquis que la foi nous était soit transmise étant enfant, soit reçue par une expérience émotionnelle, soit acquise par des pressions culturelles. En venir à croire parce que c'était logique, parce que c'était rationnel, parce qu'il s'agissait du meilleur choix possible quand on considérait les faits, c'était tout à fait nouveau pour moi. Pourtant, alors que je lisais les pages du livre de Lewis, c'est la conclusion à laquelle je suis parvenu après plusieurs semaines pénibles.

Je ne voulais pas arriver à cette conclusion. L'idée que Dieu n'existe pas et ne se préoccupe pas de moi me plaisait énormément. En même temps, je ne pouvais la nier. Je continuais à tourner les pages. Je devais à tout prix comprendre. Je devais aller jusqu'au bout. Mais je ne voulais toujours pas prendre la décision de croire.

Cette décision était une étape importante dont je n'avais pas pris conscience. Vous pouvez lutter avec vous-mêmes, en rationalisant jusqu'à ce que vous atteigniez le bord du précipice de la foi. Mais une fois que vous y êtes, vous devez prendre une décision. Je ne crois pas que les arguments intellectuels suffisent pour pousser quelqu'un à faire ce saut, car il n'est pas question ici de ce que l'on pourrait mesurer comme le fait la science dans le monde naturel pour parvenir à déterminer ce qu'est la vérité naturelle. Ici, il était question de vérité surnaturelle. Vu sous cet angle, l'esprit est en cause et non seulement la pensée.

J'ai passé plusieurs mois à lutter avec tout cela, à résister fermement à cette décision, à hésiter. Enfin, après environ un an, alors que je voyageais dans le nord-est lors d'une merveilleuse balade dans les *Cascade Mountains* où la remarquable beauté de la création me bouleversait, je me suis dit : « Je ne peux résister un moment de plus. C'est une chose qui m'a attiré toute ma vie, sans que je n'en sois conscient. Maintenant, j'ai l'occasion de dire oui ». Alors j'ai dit oui. J'avais 27 ans. Je n'ai jamais regardé en arrière. Ce fut le moment le plus important de ma vie.

Pour cet éminent scientifique, reconnu et respecté, il aurait été facile de « jouer à Dieu ». Pourtant, lui aussi en est venu à la conclusion que la foi est une fin logique à une réflexion rationnelle. Comme il le dit si bien, les découvertes sur le décodage du génome humain nous permettent de « lire notre livre d'instruction ». Ainsi, loin d'être un obstacle à la foi en l'existence de Dieu, ce livre se révèle avoir été écrit par un écrivain divin.

J'espère que ce chapitre vous a apporté une autre perspective sur la théorie de l'évolution et a permis de briser certains préjugés qui viennent parfois brouiller notre raisonnement. Que l'on soit croyant, athée ou agnostique, notre position sur ce sujet devrait reposer sur des preuves scientifiques. Or, à ce jour, la théorie de l'évolution demeure une théorie, car elle n'a pas été prouvée dans son intégralité. En effet, la macroévolution pouvant expliquer le passage d'une espèce à une autre n'a toujours pas été démontrée scientifiquement. Comment la vie est-elle apparue sur la Terre ? Comment le premier ancêtre « commun » à toutes les espèces a-t-il été créé ? Encore aujourd'hui, ces interrogations demeurent un mystère, et ce, malgré les nombreuses recherches effectuées. Je pense que c'est sur ce point que nous devrions porter notre réflexion, car, vous conviendrez qu'avant d'évoluer, il faut avoir été créé.

Dans le dernier chapitre de ce livre, nous découvrirons comment cette quête pour expliquer notre présence sur la Terre a débuté il y a de cela fort longtemps. Toutes les découvertes faites jusqu'à ce jour se succèdent tel un alignement de poupées russes, chaque réponse suscitant une nouvelle question. Mais face à ces interrogations, je répondrais par une autre : Est-il possible que l'hypothèse de l'intervention divine soit la plus plausible pour expliquer l'apparition de la vie sur la Terre ? C'est ce que nous verrons.

CHAPITRE 5

EST-IL POSSIBLE QUE L'HYPOTHÈSE D'UNE INTERVENTION DIVINE SOIT LA PLUS PLAUSIBLE POUR EXPLIQUER L'APPARITION DE LA VIE SUR LA TERRE ?

Comme nous venons de le voir au précédent chapitre, la question de savoir comment la vie est apparue sur Terre demeure encore sans réponse. Mais face à cette interrogation, j'aimerais vous proposer de considérer la possibilité qu'un être suprême soit à l'origine de la vie. Plusieurs postulats ont été avancés, mais est-il possible que la perspective d'une intervention divine soit la plus plausible ? Avant de tenter de répondre à cette question, j'aimerais débuter la réflexion par un petit historique des différentes hypothèses proposées.

La quête existentielle des scientifiques pour enfin comprendre les origines de la vie existe depuis l'avènement de la science moderne. La plus ancienne théorie proposée pour expliquer l'apparition de la vie est celle de la génération spontanée. Son postulat de base se résume en ce que certaines espèces vivantes inférieures (particulièrement les insectes) se reproduisent sous l'effet de facteurs physico-chimiques à partir de substances inorganiques. Ainsi, dans la Chine ancienne, on croyait que les bambous généraient des pucerons et en Inde on pensait que les mouches écloraient des ordures et de la sueur. Des inscriptions babyloniennes mentionnent également que des vers auraient été engendrés par la boue des canaux. Tandis que dans l'Égypte antique, les grenouilles et les crapauds étaient réputés naitre du limon déposé par le Nil[95].

Pour les philosophes grecs, la vie était propriété de la matière, elle était éternelle et apparaissait spontanément chaque fois que les conditions lui étaient propices. Ces idées se retrouvent aussi dans les écrits de **Thalès,** de **Démocrite,** d'**Épicure,** de **Lucrèce** et de **Platon**[96]. Elles avaient été ainsi soutenues jusqu'aux XVIIe et XVIIIe siècles, notamment par de grands penseurs tels que **Newton** et **Descartes**.

Les premières expériences sur la génération spontanée ont été réalisées au milieu du XVIe siècle. **Jean-Baptiste Van Helmont,** un alchimiste, chimiste, physiologiste et médecin flamand, prétend avoir obtenu des souris à partir de grains de blé et d'une chemise imprégnée de sueur humaine. Menées sans réel esprit critique, ces prétentions renforcèrent cette fausse idée au lieu de la remettre en cause.

Ce n'est qu'au XVIIe siècle qu'elle sera remise en question. En 1668, les expériences du médecin italien **Francesco Redi** démontrèrent que l'apparition des asticots sur la

95. Puente

96. La génération spontanée

viande en putréfaction n'était pas un phénomène de génération spontanée. Il en fit la preuve en utilisant des bocaux fermés et ouverts contenant de la viande. Dans les bocaux fermés, aucune forme de vie n'était apparue, tandis que la présence d'asticots avait été observée dans ceux qui étaient ouverts. L'expérience montra que les mouches étaient responsables de la naissance des vers sur la viande qui en fait provenaient des œufs qu'elles y avaient pondus.

Entre 1859 et 1861, **Louis Pasteur,** le célèbre microbiologiste français, démontra de façon indiscutable à travers un protocole expérimental rigoureux de stérilisation que la vie ne pouvait provenir que d'une autre forme de vie. Il prouva que des produits stérilisés ou des matériaux biologiques prélevés de manière aseptisée ne fermentent que s'ils sont ultérieurement ensemencés par des germes microbiens. Si aujourd'hui le concept de stérilisation des aliments nous parait évident et indispensable, vous serez sans doute étonné d'apprendre que Pasteur dut lutter pendant plusieurs années contre les partisans de la génération spontanée, en particulier **Félix Archimède Pouchet** (biologiste français) et un jeune journaliste, **Georges Clemenceau** (docteur en médecine). Ces derniers, sachant que Pasteur était un croyant, remettaient en cause ses compétences scientifiques et attribuaient son refus de la génération spontanée à ses convictions chrétiennes.

Toujours dans le but d'expliquer la présence de la vie sur la Terre, le 20 août 1975, la mission *Viking 1* prit son envol vers la planète Mars. L'objectif était de réaliser des expériences biologiques permettant de retracer la présence de vie sur Mars. Pourquoi Mars ? Parce que les conditions atmosphérique et climatique qui s'y trouvent sont, parmi toutes les planètes de notre système solaire, celles qui se rapprochent le plus de celles de la Terre. Même si la vie n'y était plus, l'idée était qu'elle aurait pu y être autrefois. Ainsi, il y a fort longtemps, une première forme de vie aurait été issue de gaz et de substances chimiques. Mais la mission *Viking 1* ne révéla aucune trace de vie sur Mars, pas plus que de preuve que la vie y eut jamais existée. Plus tard, une seconde expédition, la mission *Viking 2* se solda par les mêmes résultats, aucune trace d'une quelconque vie martienne[97].

Aujourd'hui, la principale hypothèse scientifique avancée pour tenter d'expliquer l'apparition de la première forme de vie sur la Terre, c'est-à-dire la naissance de la première cellule est la suivante[98] :

- Les premières molécules organiques (nécessaires pour produire la vie, c'est-à-dire l'ADN et les protéines) se seraient formées au cœur de mares chaudes contenant toutes sortes de sels ammoniacaux et phosphoriques (c'est-à-dire des molécules inorganiques).
- Dans ces mares, tous les composants nécessaires à la vie auraient été présents et se seraient assemblés par l'effet du hasard et au fil du temps, pour former la

97. Puente

98. Théodule, Février 2013

première cellule. Cet organisme unicellulaire serait l'ancêtre commun de toutes les espèces qui constituent l'arbre de l'évolution décrit par Darwin.

Cette théorie, appelée abiogenèse (passage du non-vivant au vivant) soulève en elle-même de nouvelles questions. En effet, si la première cellule est apparue à partir de molécules organiques, comment ces dernières se sont-elles formées et synthétisées sur la terre primitive ? C'est ce que nous explorerons à présent. Prêt pour une nouvelle aventure dans les territoires avancés de la biologie moléculaire et de la biochimie ?

Commençons par définir ce que sont ces molécules indispensables à la vie. Pour qu'un organisme puisse exister, il lui faut des protéines et de l'ADN.

La formation des protéines

Les protéines sont constituées d'acides aminés et jouent des rôles multiples dans les réactions métaboliques et l'architecture cellulaire. En 1953, les chercheurs **Harold Urey** (prix Nobel de Chimie en 1934 pour la découverte de l'hydrogène lourd) et **Stanley Miller** (doctorant de l'université de Chicago) ont réalisé une expérience qui consistait à reproduire en laboratoire les conditions de la terre primitive avec comme objectif principal la synthèse artificielle des molécules nécessaires à la vie[99]. Pour ce faire, deux ballons furent réunis par des tubes de verre. Le

99. Grousson, Décembre 2008

premier contenait de l'eau chauffée (représentant l'océan primitif) et le second, un mélange de vapeur d'eau et de gaz soumis à des décharges électriques (représentant l'atmosphère réductrice originelle). Au bout d'une semaine, 10 % du carbone de l'océan fut transformé en acides aminés, soit le composant indispensable à la synthèse des protéines. Cette expérience semblait donc être une grande réussite. D'ailleurs, à partir de ces résultats, la communauté scientifique a longtemps considéré qu'il était « techniquement » possible de reprendre la synthèse des premières molécules de la vie en laboratoire, confirmant ainsi l'hypothèse de la soupe prébiotique, prémices de la théorie de l'évolution[100].

Toutefois, une vingtaine d'années plus tard, ces conclusions furent démenties. En effet, les avancées technologiques permirent de démontrer qu'en fait, l'atmosphère primitive était bien différente de ce que nous pensions à l'époque d'Urey et de Miller. L'idée d'une atmosphère réductrice telle que la concevait Harold Urey, à savoir riche en méthane et en ammoniac, est devenue complètement désuète. « Les géochimistes des années 1970 ont totalement remis en question cette hypothèse. Pour eux, l'atmosphère originelle était non pas réductrice, mais neutre, voire oxydante », explique **Robert Pascal,** spécialiste de la chimie prébiotique à l'Institut de biomolécules Max-Mousseron de Montpellier[101]. Dans de telles conditions, il devenait impossible de faire émerger à nouveau

100. Barnéoud, 2013.

101. D'où vient la vie ?, Février - mars 2013

des acides aminés. D'ailleurs, Miller fit une nouvelle tentative en 1983, sans succès[102].

Plus récemment, en 2008, les chercheurs **Jeffrey Bada** (professeur de chimie marine à l'Université de Californie de San Diego et ancien élève de Stanley Miller) et **Antonio Lazcano** (professeur de l'École des sciences de l'Université nationale autonome du Mexique), ont répété les expériences effectuées par Miller en 1983, c'est-à-dire avec l'atmosphère neutre constituée d'hydrogène, de dioxyde de carbone et d'eau. C'est ainsi qu'ils décelèrent une erreur dans le protocole expérimental de Miller. Après l'avoir corrigée, de nouvelles analyses révélèrent la formation de huit acides aminés en quantité non négligeable[103].

Ces résultats qui semblent prometteurs pour les scientifiques sont toutefois bien loin de la fabrication et du fonctionnement de la première protéine. Pour vous permettre de saisir l'ampleur du défi, permettez-moi de faire l'analogie suivante : c'est comme si vous aviez créé huit vis en laboratoire et qu'à présent, vous deviez fabriquer le nouvel Airbus380. Gigantesque, n'est-ce pas ?

Selon **Lise Barnéoud,** journaliste scientifique, cette prudence semble être partagée par la communauté scientifique :

> « S'agit-il d'un premier pas dans la compréhension de la formation des protéines primitives ? Ce serait bienvenu, car, pour l'instant, les scientifiques piétinent. Certes, ils

102. *Ibid.*

103. Barnéoud, 2013.

parviennent à obtenir, dans des conditions prébiotiques, la plupart des acides aminés à l'origine des protéines du vivant. Ils parviennent même à obtenir des peptides, constitués de quelques acides aminés. Mais la façon dont sont apparues les premières protéines, constituées de longues chaînes d'acides aminés, et bien structurées, reste à élucider[104]. »

L'apparition du matériel génétique

L'ADN et l'ARN sont les supports de l'information génétique. On considère qu'une entité est vivante dès lors qu'elle possède une membrane qui la délimite par rapport au milieu extérieur, un métabolisme qui lui fournit de l'énergie et un matériel génétique qui lui permet de se reproduire.

Comment le matériel génétique nécessaire à la vie a-t-il été formé ? Comment a-t-il pu jaillir de cette soupe prébiotique ? La synthèse des nucléotides en laboratoire, composantes de l'ADN (acide désoxyribonucléique) et de l'ARN (l'acide ribonucléique) est encore plus problématique que dans le cas des protéines. En effet, les nucléotides sont constitués de trois éléments : (1) une base azotée, (2) un groupement phosphate et (3) une molécule de sucre.

Les récentes découvertes scientifiques ont montré qu'il est possible d'obtenir le phosphate et les différents types de bases azotées en laboratoire. Par contre, le sucre est

104. *Ibid.*

instable et difficile à reproduire dans des conditions de type prébiotiques. Selon la **D^re^ Marie-Christine Maurel,** spécialiste de l'évolution moléculaire et des origines de la vie, l'apparition de l'ADN et de l'ARN dans les conditions de la terre primitive est encore un mystère[105].

Dans son ouvrage *The language of God*[106], le **Dr Francis Collins** apporte des précisions intéressantes sur l'origine des molécules d'ADN : « Comment une molécule autoréplicative porteuse d'information pourrait-elle s'assembler spontanément à partir de ces composés ? Que la molécule d'ADN, la fameuse double hélice torsadée, se soit formée simplement par hasard paraît tout à fait improbable, d'autant plus lorsque l'on considère que la molécule d'ADN ne semble pas posséder intrinsèquement la capacité de se copier. »

Aujourd'hui, les chercheurs avancent que l'ARN est apparu avant l'ADN, car il a la capacité de transmettre l'information génétique. Mais aussi, dans certains cas, de catalyser des réactions chimiques comme ne peut le faire l'ADN. En effet, il a été démontré que L'ARN est la seule molécule que nous connaissons qui possède ces deux propriétés, soit celle d'être dépositaire de l'information génétique et d'agir chimiquement sur d'autres molécules. L'ADN, quant à lui, n'est pas capable de catalyse, et de leur côté, les protéines ne peuvent pas coder l'information génétique[107].

---

105. Grousson, Décembre 2008.

106. Collins F. S., 2006, *traduction libre*

107. Westhof, 11 octobre 2011

Par analogie, on pourrait dire que l'ADN ressemble au disque dur de votre ordinateur : ce doit être un média stable où stocker de l'information. Tandis que l'ARN ressemblerait davantage à un disque ZIP ou à une clé USB qui se déplace avec sa programmation et peut accomplir des choses par lui-même[108]. L'idée que l'ARN soit apparu sur la terre primitive avant l'ADN demeure une hypothèse, car en dépit des efforts déployés par plusieurs chercheurs, les expériences de type Miller-Urey n'ont pu donner lieu à la formation des composantes de base de l'ARN. De plus, il a été impossible de concevoir de l'ARN pouvant entièrement s'autorépliquer.

Face à l'extrême difficulté de définir de façon convaincante les mécanismes susceptibles d'expliquer l'apparition de la vie sur la Terre primitive, certains scientifiques, dont le **Dr Francis Crick** (codécouvreur de l'ADN avec James Watson) ont suggéré que les formes de vie pourraient provenir d'une autre planète. Selon cette hypothèse, les formes de vie auraient été transportées sur de petites particules à la dérive dans l'espace interstellaire, attirées par la gravité terrestre pour finalement aboutir sur la Terre. Toutefois, il n'existe à ce jour aucune preuve scientifique attestant cette théorie.

Permettez-moi de pousser plus loin la réflexion sur la possibilité que la vie puisse provenir d'une autre planète. Lorsqu'on y réfléchit, la découverte d'une quelconque vie ailleurs que sur la Terre ne permettrait pas de résoudre le dilemme de l'apparition de la vie. En fait, elle ne ferait

---

108. Collins F. S., 2006, *traduction libre*

que reporter à une époque et à un lieu plus éloignés cet étonnant événement et susciter une nouvelle question : Comment est apparue la vie sur cette planète-là ? Ce serait comme reculer pour mieux sauter. Face à toutes ces questions sans réponse, il apparait que le mystère des origines de la vie demeure incomplet et difficile à expliquer.

Des questions sans réponse

Les expériences se succèdent pour démasquer les origines de la vie, mais de nombreuses questions demeurent sans réponse. Comment, à partir de quelques ingrédients de base que sont les acides aminés et autres molécules carbonées, les premiers êtres vivants ont-ils été assemblés ? Comment ces briques essentielles à la vie ont-elles pu constituer le métabolisme cellulaire ? Comment ont-elles formé les membranes cellulaires ? Comment ces macromolécules ont-elles donné naissance aux premiers organismes ? Comment ces êtres unicellulaires ont-ils commencé à se reproduire ? Et comment ces derniers pouvaient-ils détenir déjà dans leur bagage tout le matériel génétique nécessaire pour évoluer et s'adapter à leur environnement ?

Malgré les innombrables recherches rigoureuses effectuées à ce jour, le chemin à parcourir pour arriver à expliquer l'apparition de la première cellule est encore bien long. **Mathieu Grousson,** docteur en physique et collaborateur régulier de la revue Science et Vie, résume la situation ainsi :

> « Toute reconstitution opérée dans le creuset d'un quelconque laboratoire ne saurait prétendre reproduire avec certitude l'histoire singulière qui s'est effectivement déroulée... Voilà donc les scientifiques réduits à empiler les hypothèses, au mieux insuffisantes, au pire contradictoires. À échafauder des récits qui, à défaut d'être vrais, pourront au moins être qualifiés de crédibles. Des récits qui, imbriqués les uns dans les autres, prennent la forme d'un puzzle d'énigmes...[109] »

La **Dre Marie-Christine Maurel** déclare que :

> « Concernant la question de l'apparition de la vie, tout est spéculatif. Bien que nos connaissances soient aujourd'hui très vastes, on ne peut espérer recréer en laboratoire la vie telle qu'elle a été engendrée à ses débuts[110]. »

Même les plus grands évolutionnistes reconnaissent ne pas être en mesure d'expliquer les origines de la vie. C'est notamment le cas de Richard Dawkins qui, à la question du journaliste Ben Stein à savoir quelle est l'origine de la première cellule vivante et comment s'est effectué le passage du non-vivant vers le vivant répondit bien candidement : « Je ne sais pas... Personne ne le sait[111]. »

---

109. Grousson, Décembre 2008

110. Théodule, Février 2013

111. Frankowski, 2008

Dr Walter Bradley, professeur de sciences à l'Université du Texas A. et M., coauteur du livre de réputation mondiale *Le mystère des origines de la vie*, affirme que :

> « Les difficultés hallucinantes à trouver les ponts immenses, infranchissables, inexplicables entre l'absence de vie et la vie signifient qu'il n'y a vraisemblablement aucune possibilité de trouver une théorie sur la façon dont la vie pourrait avoir débuté spontanément ou naturellement. Je suis convaincu, comme le sont des centaines de mes collègues les plus estimés, que l'évidence incontestable et absolue pointe chaque chercheur et chaque être humain honnête vers une intelligence supérieure derrière la création de la vie. S'il n'y a aucune explication naturelle et qu'il semble n'y avoir aucune possibilité d'en trouver une, alors je crois qu'il est logique et approprié de considérer une explication surnaturelle. Je crois qu'il s'agit là de la conclusion la plus raisonnable, en se basant sur les preuves disponibles[112]. »

J'ai commencé ce chapitre en vous demandant s'il est possible que l'hypothèse d'une intervention divine soit la plus plausible pour expliquer l'apparition de la vie sur la Terre. Puisque nous ne pouvons pas expliquer le passage du non-vivant au vivant, et puisque créer la vie à partir de rien s'avère une démarche colossale voire impossible à réaliser, la plausibilité qu'un agent créateur intervienne dans

112. Strobel, 2004, *traduction libre*

ce processus n'est pas à exclure. Au contraire ! La Bible ne propose-t-elle pas une alternative divine au passage du non-vivant au vivant lorsque l'apôtre Paul déclare que *Dieu fait exister ce qui n'existait pas* ou *donne vie à toutes choses* ?[113] Dans le livre de la Genèse, il est aussi écrit au sujet de la création que Dieu a le pouvoir de créer à partir du néant : création *ex nihilo*.

Le **Dr Michael Denton,** auteur du livre *Evolution: A Theory in Crisis*[114] a tenu les propos suivants :

> « Ce qui milite si fortement contre l'idée du hasard, c'est le caractère universel de la perfection : le fait que partout où l'on regarde, à quelque échelle que ce soit, on trouve une élégance et une ingéniosité d'une qualité absolument transcendante... »

> « *À côté du* degré d'ingéniosité et de complexité présenté par la machinerie moléculaire, nos objectifs artificiels, même les plus avancés, paraissent grossiers. Devant le monde microscopique de la vie, nous éprouvons la même humilité qu'un homme du *néolithique qui découvrirait la technologie de cette fin du deuxième millénaire...* »

> « Il serait illusoire de penser que ce que nous connaissons aujourd'hui représente autre chose qu'une faible fraction de l'étendue du projet biologique. Dans presque tous les domaines de la recherche fondamentale en biologie, on

113. Romains 4.17 ; 1 Timothée 6.13.

114. Denton, 1985

découvre des degrés d'organisation et de complexité plus élevés à un rythme toujours plus accru[115]. »

Personnellement, ce qui me convainc le plus et ce qui me fait croire à l'existence d'un grand architecte derrière toute cette création, c'est l'ingéniosité et la diversité du monde vivant ; c'est cette extraordinaire complexité de la cellule ; c'est la perfection du corps humain tout entier ; ce sont les merveilles de la nature. Je voudrais vous en donner quelques exemples qui, je le souhaite, vous amèneront à considérer cette possibilité. C'est fascinant et même époustouflant ! Prêt pour cette nouvelle expédition ?

Le miracle cellulaire

J'ai passé plusieurs années à étudier la cellule au niveau moléculaire. Ce domaine de recherche est passionnant et fascinant. Chaque détail, chaque structure cellulaire, chaque voie de signalisation à l'intérieur de la cellule m'émerveillent, me captivent et me charment, tout comme un grand nombre de chercheurs dans ce domaine. Plus je découvre la complexité d'une toute petite cellule (pas plus grosse que la pointe d'une aiguille), plus mon enthousiasme pour un ordre parfait et divin augmente. En m'approchant de la connaissance, je constate l'étendue de mon ignorance, je découvre la grandeur de la création et comme Voltaire, quelque chose résonne en moi : « L'Univers m'embrasse et je ne puis songer qu'une telle horloge existe et n'ait pas d'horloger. »

115. Kuen, Le labyrinthe des origines, 2005

Jamais mes recherches ne m'ont fait douter de l'existence d'un Dieu créateur. Au contraire, devant l'ampleur de la complexité de l'organisation d'une cellule, je ne peux faire autrement que m'étonner et admirer cet architecte. Lorsque l'on prend le temps d'examiner le fonctionnement de la cellule, on constate rapidement qu'elle ne saurait fonctionner par l'entremise de processus issus du hasard. La séquence des réactions chimiques dont dépend la vie est hautement organisée et orientée. Elle ne se déroule absolument pas de façon aléatoire. Son bon fonctionnement est programmé et réglé au quart de tour.

Prenons le génome humain. Il renferme l'ensemble du matériel génétique d'un individu codé dans son ADN et toutes les séquences codantes transcrites en ARN messager, puis traduites en protéines. Le génome est souvent comparé à une encyclopédie dont les différents volumes seraient les chromosomes. Les gènes seraient les phrases contenues dans ces volumes, et ces phrases seraient écrites dans un langage génétique représenté par quatre bases (adénine, guanine, cytosine et thymine) abrégées en AGCT.

Pour que l'ADN se forme, des myriades de réactions chimiques doivent se produire dans un ordre précis. Le professeur **Frank Salisbury** de l'Université de l'Utah aux États-Unis a calculé la probabilité de formation spontanée d'une molécule d'ADN simple, essentielle à l'apparition de la vie. En utilisant des logarithmes, les calculs ont abouti à une probabilité si infime qu'elle est considérée comme mathématiquement impossible, soit : $10^{600,}$ c'est-à-dire le chiffre 10 suivi de 600 zéros ! Ce nombre dépasse notre entendement.[116]

Le corps humain est constitué de cellules sexuelles et de cellules somatiques. Une cellule somatique, compte 46 chromosomes (23 paires) composés d'ADN contenus dans le noyau cellulaire (figure ci-dessous).

- L'ADN est composé de 3 milliards de paires de bases, soit 150 milliards d'atomes. La disparition d'une seule des bases de cette chaîne peut déclencher une maladie.
- L'ADN du noyau de toutes ces cellules mises bout à bout, au lieu d'être repliées et étroitement serrées dans les chromosomes, pourrait couvrir la distance Terre-Lune 300 000 fois, soit environ 400 000 X 300 000 km, c'est-à-dire $1{,}2 \times 10^{11}$ km.
- Dans chacune des cellules humaines de 1/100 de mm, l'ADN total mesure plus de 2 m de long et $1{,}27 \times 10^{-14}$ mm de large. Avec le diamètre d'un cheveu, l'ADN d'une cellule humaine aurait une longueur totale de 8 km.
- Si vous tapiez les lettres du génome humain à raison de 60 mots par minute, 8 heures par jour, il vous faudrait... 50 ans pour le transcrire.

116. Salisbury, Septembre 1971

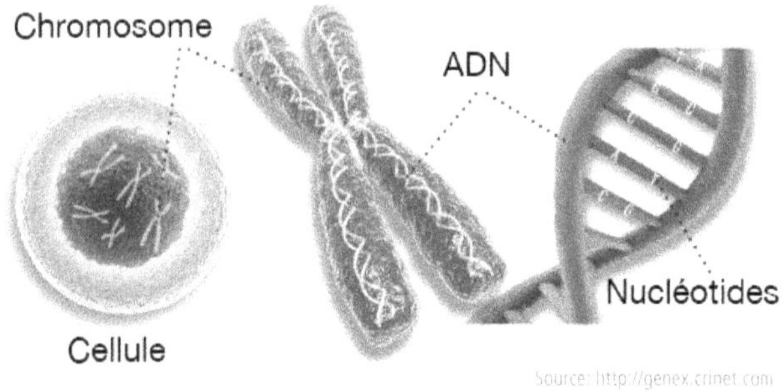

L'extrême précision et l'infinie complexité des mécanismes biochimiques déroutent même les plus brillants scientifiques. Au cours de mes travaux de recherche, j'ai passé des milliers d'heures à étudier comment un simple ion[117], le calcium (Ca^{2+}), pouvait engendrer des centaines de réactions intracellulaires. Le Ca^{2+} est étroitement régulé à l'intérieur de la cellule. Tout dérèglement de sa concentration, aussi infime soit-il, peut avoir des conséquences catastrophiques. Parce que la concentration extracellulaire (c'est à dire, dans le sang ou le fluide interstitiel[118]) en calcium est supérieure à la concentration intracellulaire, la cellule déploie tout un arsenal de système de transport, de régulation et de rétrocontrôles pour maintenir une homéostasie calcique[119]. Cette homéostasie est vitale à la cellule. Le calcium est un second messager présent dans toutes les cellules de notre corps, et le régulateur de très nombreuses fonctions métaboliques.

117. Un ion est une espèce chimique électriquement chargée.

118. Le fluide interstitiel ou interstitium a une composition ionique proche de celle du plasma sanguin. Le liquide interstitiel remplit l'espace entre les capillaires sanguins et les cellules. Il facilite les échanges de nutriments et de déchets entre ceux-ci.

119. La concentration en calcium libre dans le liquide extracellulaire est maintenue dans des limites étroites par une régulation rigoureuse appelée homéostasie calcique.

Les changements dans la concentration de Ca^{2+} jouent un rôle important dans la régulation de la contraction musculaire, de la sécrétion exocrine et endocrine[120], de la glucogénèse[121] et de la glucogénolyse[122], du transport et de la sécrétion de fluide et d'électrolytes[123], de la croissance et de la différenciation cellulaire, ainsi que de l'activité de nombreuses enzymes. De faibles élévations du niveau de calcium intracellulaire peuvent aussi stimuler des voies de signalisation cellulaire (c'est à dire des signaux à l'intérieur de la cellule) pouvant enclencher, par exemple, le processus de la cancérogenèse (la naissance d'un cancer) ou conduire à la mort cellulaire programmée, soit l'apoptose.

L'apoptose est un processus élaboré au cours duquel la cellule participe activement à sa propre destruction. Puisqu'une image vaut mille mots, le schéma suivant illustre l'incroyable multiplicité de rôles joués par un simple ion à l'intérieur d'une seule cellule :

---

120. Sécrétion exocrine et endocrine : Glande exocrine est une glande qui sécrète des substances destinées à être expulsées dans le milieu extérieur de l'organisme, c'est-à-dire de la peau, du tube digestif ou de l'arbre respiratoire. Les glandes exocrines délivrent leur sécrétion par l'intermédiaire d'un canal excréteur (glande sudoripare : sécrètent la transpiration, glande mammaire : sécrètent le lait). Cela les distingue des glandes endocrines qui libèrent directement leurs sécrétions dans la circulation sanguine au niveau des capillaires sanguins.

121. Glucogénèse : Production du glucose par le foie

122. Glucogénolyse : Ensemble de réactions d'hydrolyses qui vont transformer la très grande molécule de glycogène en de nombreuses petites molécules de glucose qui vont pouvoir passer dans le sang et éviter ainsi l'hypoglycémie.

123. Électrolyte : Un électrolyte est une substance conductrice, car elle contient des ions mobiles

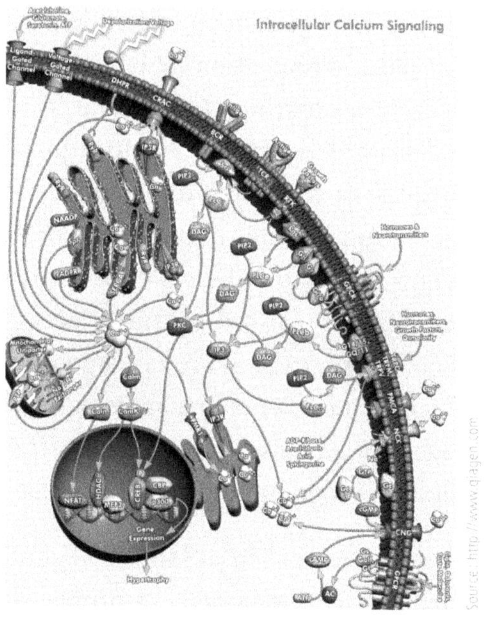

Ce schéma est d'une complexité saisissante et nous dévoile comment la signalisation cellulaire se produit de façon parfaitement contrôlée et organisée. Imaginez ! Il existe des milliers de voies de signalisation comme celle-ci à l'intérieur des cellules. Le développement de la vie à partir d'une seule cellule est un des plus grands prodiges de la nature. Les humains, les plantes et les animaux sont tous issus d'une seule cellule. Chez l'homme, par exemple, un spermatozoïde, cellule sexuelle mâle constituée de 23 chromosomes, s'unit à l'ovule, cellule sexuelle femme de 23 chromosomes, pour ne former qu'une seule cellule de 46 chromosomes. Cette première étape est un véritable miracle en soi. Sur des dizaines de millions de spermatozoïdes en compétition pour atteindre l'ovule, un seul triomphe. Son secret est simple : il libère un cocktail d'enzymes qui lui permet d'y pénétrer au moment où il entre en contact avec la substance gélatineuse protégeant l'ovule. Ce phénomène engendre la formation d'un bouclier membranaire autour de l'ovule, faisant de ce spermatozoïde le seul grand vainqueur[124].

Cette cellule nouvellement formée va se diviser pour en former deux, qui à leur tour se diviseront pour en former quatre, puis huit et ainsi de suite. Ainsi, ce qui n'était au départ qu'une seule cellule deviendra un être humain composé de milliards de cellules. On estime le nombre de cellules dans le corps humain à environ 100 000 000 000 000, soit 10^{14} (cent mille milliards). Le miracle ne s'arrête pas là ! Alors que toutes les cellules étaient identiques initialement, la différenciation cellulaire qui se produit par la suite forme les cellules musculaires, nerveuses, osseuses, hépatiques, cardiaques, de l'œil, de la peau, etc. Puis, ces différentes cellules s'assemblent pour former les tissus (ex. : tissu musculaire), qui finalement formeront les multiples organes du corps humain.

Ce qui est extraordinaire, c'est que tout ceci s'effectue selon un plan extrêmement bien établi, et que tout était programmé et codé dans l'unique cellule de départ. Phénoménal ! Imaginez, après seulement quatre semaines de fécondation, l'embryon formé possède déjà un cerveau, un système nerveux, un appareil circulatoire et un cœur !

---

124. Barnéoud, 2013

J'aime cette citation de **Jean-Claude Puente** sur la perfection de la cellule :

> « Le hasard fait bien les choses dit le proverbe. C'est ce qu'on nous apprend quotidiennement, particulièrement en ce qui concerne l'existence de la vie. Mais réfléchissons : la cellule est organisée comme une usine de production, en demeurant des plus efficaces. Peut-on imaginer un seul instant qu'une quelconque usine de production faite par les hommes laisse son destin entre les mains du hasard et continue d'exister ? Il a fallu au contraire une réflexion importante pour créer une telle usine, l'organiser, maîtriser le processus de production en faisant appel à des techniques sophistiquées, régies par des lois physiques qu'il a fallu comprendre et des efforts réfléchis de tous les instants pour maintenir ce processus à son meilleur niveau, voire pour l'améliorer. La cellule réalise cette prouesse quotidiennement depuis des milliers d'années. Il faut à peine une seconde à une seule de nos cellules pour assembler une chaine de 20 acides aminés. Et ce mécanisme fonctionne à chaque instant pour nos 100 000 000 000 000 (cent mille milliards) de cellules, du sommet de notre tête à la plante de nos pieds. Contrairement aux mécanismes que nous pouvons inventer, celui-ci n'a pas besoin d'être amélioré, de se tenir à la fine pointe de la technologie, pour la seule raison qu'il est déjà le plus performant[125]. »

125. Puente

Pensez-vous que ceci soit le fruit du hasard ? Difficile de croire que nous ayons été si chanceux !

La perfection du corps humain

Le mystère du cerveau

Ainsi, la complexité des mécanismes qui se produisent au niveau cellulaire est tout à fait stupéfiante. Mais tout ceci ne s'arrête pas là. Les processus qui régissent notre corps tout entier le sont tout autant. Prenons par exemple le cerveau. Il a la taille et l'apparence d'un petit chou-fleur, mais grâce à ses 100 milliards de cellules nerveuses (autant qu'il y a d'étoiles dans notre galaxie !), nous pouvons effectuer simultanément de nombreuses actions, telles que penser, planifier, parler, imaginer, etc. Chacun de ses hémisphères dépliés serait aussi grand qu'une pizza extra large ! Pour tenir dans notre crâne, il doit se replier sur lui-même en de nombreuses circonvolutions[126]. Il peut trier jusqu'à 100 millions de messages à la seconde. Le cerveau contrôle les systèmes circulatoire, digestif, respiratoire et autres, tout en nous permettant de lire et de réfléchir. Les informations enregistrées par le cerveau humain rempliraient les pages d'au moins 20 millions de livres de taille moyenne, ce qui donnerait une pile de 40 000 km de haut.

Le cerveau est constitué de cellules appelées neurones. Ceux-ci communiquent les uns avec les autres selon un mode complexe. Les messages reçus peuvent provenir de

126. Le cerveau à tous les niveaux

plus de 1 000 autres neurones. Pour vous donner une idée de ce que cela représente, un neurologue ayant étudié une région du cerveau, située juste au-dessus et derrière le nez, afin de découvrir comment nous reconnaissons les odeurs a écrit : « Même cette tâche apparemment simple (qui, comparée à celle consistant à démontrer un théorème géométrique ou à comprendre un quatuor à cordes de Beethoven, semble être un jeu d'enfant) fait intervenir quelque six millions de neurones, chacun recevant des messages synaptiques d'environ 10 000 autres[127]. »

Les scientifiques n'ont décodé qu'une infime partie du fonctionnement du cerveau. Le **Dr Ramachandran,** connu pour ses travaux en neurologie comportementale et en psychophysique visuelle, affirme que :

> « Le cerveau humain est sans contredit la forme de matière organisée la plus complexe de l'Univers. On estime que le nombre de permutations et de combinaisons possibles dans l'activité cérébrale surpasse celui des particules élémentaires dans l'Univers. Cela donne un aperçu de l'immensité de la tâche à réaliser pour essayer de comprendre les fonctions de cet organe mystérieux[128]. »

Malgré les nombreuses recherches effectuées dans ce domaine, plusieurs fonctions du cerveau demeurent encore énigmatiques. Par exemple : Comment enregistre-t-il nos

---

127. Puente

128. Le cerveau à tous les niveaux

souvenirs ? Comment pouvons-nous expliquer la conscience ? D'où vient-elle ? **Susan Greenfield,** dans son livre *L'esprit humain expliqué*, écrit :

> « Le cerveau humain représente l'énigme suprême : comment une masse de tissu ayant la consistance de l'œuf cru peut-elle être à l'origine de notre esprit, de nos pensées, de notre personnalité de nos souvenirs, de nos sentiments, bref de notre conscience même ?[129]. »

Réfléchissez-y un instant. En plus de toutes les autres fonctions du cerveau, l'humain a la capacité de diagnostiquer des intentions et des motivations après une introspection de ses comportements. Il peut apporter un jugement de valeur sur ces comportements, ce qui lui donne l'impression d'avoir un libre arbitre. Il a cette petite voix intérieure omniprésente qui l'aide à choisir entre le bien et le mal.

Est-il possible d'expliquer la conscience d'un point de vue physiologique ? Certains en doutent et disent qu'elle est si complexe qu'un cerveau humain aurait autant de capacité de la comprendre qu'un ver de terre de comprendre un singe[130]. Peut-être bien qu'un divin créateur intervient dans tout cela ?

---

129. Puente

130. Le cerveau à tous les niveaux

La complexité de l'œil

Un autre prodige de l'ingénierie du corps humain est l'œil. La complexité d'un organe comme l'œil a souvent posé problème aux théoriciens de l'évolution, à commencer par Darwin lui-même qui écrivait : « Il semble absurde au possible, je le reconnais, de supposer que la sélection naturelle ait pu former l'œil avec toutes les inimitables dispositions qui permettent d'ajuster le foyer à diverses distances, d'admettre une quantité variable de lumière et de corriger les aberrations sphériques et chromatiques[131]. »

La connaissance sur la complexité de l'œil au XIXe siècle était de loin inférieure à celle d'aujourd'hui et pourtant, il a suffi à faire réfléchir Darwin. Qui sait ce qu'il aurait pensé s'il avait su ce que nous connaissons aujourd'hui ? L'œil est une véritable beauté en soi. Avez-vous déjà observé vos yeux de près ? Avez-vous déjà scruté l'intérieur de vos yeux ? Une pure merveille !

Suren Manvelyan, un professeur de physique arménien, a réalisé une série de zooms impressionnants des yeux de ses amis, collègues et membres de sa famille. Sur son site web[132], vous pouvez voir des photos montrant de très près l'iris des yeux. Allez admirer le résultat ! De près, certains yeux ressemblent à la surface d'une de ces planètes lointaines et inconnues.

---

131. Collins F. S., 2006, *traduction libre*

132. http://www.surenmanvelyan.com/eyes/your-beautiful-eyes/

En plus de sa splendeur, l'œil est une véritable caméra à haute définition. Difficile de se le représenter, mais l'œil contient près de 70 % de tous les récepteurs sensoriels de notre corps ! Il fait plus que simplement capter la lumière, il est capable de distinguer plusieurs millions de teintes de couleurs différentes. Cent trente millions de cônes (cellules photosensibles aux couleurs) et sept millions de bâtonnets (cellules photosensibles pour éclairage de nuit) tapissent la rétine à l'intérieur de l'œil. Celle-ci reçoit l'image par le cristallin (la lentille) qui s'ajuste automatiquement pour donner une image précise à n'importe quelle distance. L'iris aussi s'ajuste automatiquement à la quantité de lumière qui pénètre à l'intérieur de l'œil, évitant ainsi les éblouissements, tout comme le fait le diaphragme d'une caméra. C'est automatique, pas besoin d'y penser. Parce que nos yeux travaillent en synchronisation, nous obtenons des images en trois dimensions. Tout cela est relié au cerveau qui nous permet de comprendre ce que nous lisons et de réfléchir sur le sens de l'information reçue. Ces quelques informations sur l'œil suffisent à nous faire réaliser la complexité de ce remarquable organe.

Nous aurions pu parler de notre odorat. Grâce à notre épithélium olfactif, nous pouvons détecter 1/460 000 000 de mg de certaines substances odorantes dans une seule bouffée d'air. Pour ce faire, le tissu de la taille d'un ongle situé au haut de notre nez est constitué de quelque dix millions de cellules neurosensorielles. Et que dire de nos oreilles qui peuvent reconnaître et distinguer quelque 400 000 signaux sonores !

Les merveilles de la nature

La flore et la faune sont tout aussi épatantes. J'aimerais vous inviter à faire une petite promenade dans le monde animal et végétal. C'est spectaculaire, vous verrez.

Saviez-vous que...[133]

- Pour faire le beau, le flamant rose ravive régulièrement ses couleurs en s'enduisant de pigment rouge orangé sécrété par une de ses glandes.
- Le vautour plane allègrement parmi les avions de ligne, pouvant voler jusqu'à 11 000 m d'altitude.
- L'antilope springbok, un mammifère, peut exécuter des bonds de 15 m de long et 3 m de haut. Ça dépasse les records enregistrés !
- Le scarabée rhinocéros peut soulever 100 fois sa masse.
- La sterne arctique parcourt 35 000 km chaque année pour se reproduire et hiverner. Dans sa vie, elle aura ainsi volé sur une distance équivalant à trois fois celle qui sépare la Terre de la Lune.
- Le cercope, un petit insecte, peut sauter à une hauteur pouvant atteindre jusqu'à 70 fois sa taille.
- Le pic épeiche, quant à lui, peut frapper les arbres de son bec à la vitesse de 25 km/h, soit 12 000 fois par jour.
- La rafflésie, une fleur, peut mesurer jusqu'à 1 m de diamètre et peser jusqu'à 10 kg.

---

133. Science et Vie, 2012

- Le poisson-chat a en moyenne 100 000 papilles gustatives, comparativement à l'homme qui n'en a que 10 000. Non, nous ne sommes pas les plus fins goûteurs !
- Le rollier d'Europe, un oiseau, protège sa couvée grâce à son odorat qui détecte la régurgitation spontanée de ses oisillons lorsque ceux-ci sont menacés par un prédateur.
- La crevette mante possède le système de vision le plus développé de tous les animaux et elle peut voir en 3D avec un seul œil.
- L'aigle royal est capable de repérer une souris, en vol, depuis une altitude de 1,5 km.
- La girafe est dotée d'un remarquable réseau de petits vaisseaux sanguins qui permet de réguler la circulation du sang dans son long cou, de façon à la protéger contre un brusque afflux de sang lorsqu'elle baisse le cou.

Les indices d'une intelligence créatrice dans le domaine naturel ont de tout temps constitué un argument de choix en faveur de l'existence de Dieu. Un exemple historique de cette argumentation a été énoncé par le théologien et naturaliste britannique du XVIIIe siècle, **William Paley**. On l'appelle l'argument de l'horloger de Paley :

> « En traversant une bruyère, supposons que je trébuche sur une pierre et qu'on me demande comment la pierre se trouvait là. Je pourrais répondre que, à preuve du contraire, elle avait toujours été là, et peut-être serait-il alors difficile de démontrer l'absurdité de cet argument.

> Mais supposons que j'aie trouvé une montre par terre et que l'on s'enquière de savoir comment la montre vint à se retrouver en cet endroit. Il ne me viendrait pas à l'idée de penser à la réponse que j'avais donnée précédemment : que du mieux que je sache, la montre avait dû toujours être là... La montre avait dû avoir un fabricant. Il a dû exister, à un certain moment, à un certain endroit, que sais-je, un artisan ou plusieurs, qui la façonnèrent pour l'usage que l'on connaît, qui comprenaient son assemblage et conçurent son usage... Toute trace d'invention, toute expression de créativité qui se trouvaient dans la montre, existent également dans l'œuvre de la nature, avec cette distinction que dans le naturel, celles-ci sont bien plus prononcées, et cela d'une manière qui dépasse tout entendement[134]. »

Selon le raisonnement de Paley, si la complexité d'une montre exige un concepteur brillant et créatif, les êtres vivants nécessitent d'autant plus un ingénieur intelligent possédant des capacités créatrices supérieures et exceptionnelles. Bien que la thèse de Paley soit simple, il n'en demeure pas moins qu'elle est concrète, cohérente et d'une grande logique. Alors, après tout ce que nous venons de voir, je vous réitère la question : Vous est-il possible de considérer que l'hypothèse d'une intervention divine soit la plus plausible pour expliquer l'apparition de la vie sur la Terre ? Devant toute cette complexité, cette perfection et cette précision, est-il envisageable qu'un concepteur intelligent soit intervenu ?

134. William Paley, 1818

En ce qui me concerne, toutes mes années de recherche m'ont conduite à croire que l'existence de l'Univers et celle de tous les êtres vivants ne peuvent être le résultat de simples coïncidences, l'issue du hasard ou de processus ayant pris place de façon aléatoire. De nombreux scientifiques ayant fait leur marque ont partagé et continuent de propager cette pensée. Oui, plus nous découvrons la magnificence et l'absolue beauté de la création, plus notre admiration pour son ordre parfait s'accroît, nous révélant en quelque sorte le Créateur.

Il y a près de 2000 ans, l'apôtre Paul, homme de grande instruction de son époque, faisait cette déclaration dans sa lettre aux Romains : *La puissance sans limites de Dieu et ce qu'il est lui-même sont des réalités qu'on ne voit pas. Mais depuis la création du monde, l'intelligence peut les connaître à travers ce qu'il a fait.*[135] Aujourd'hui, ces mots sont encore criants de vérité pour moi, pour nombre de scientifiques, ainsi que pour des multitudes à travers le monde.

Alors que j'arrive à la fin de cette aventure « aux mille questions » en votre compagnie, je ne veux pas vous quitter sans vous avoir relaté une partie de mon témoignage personnel, soit comment j'ai fait la plus grande découverte de ma vie, moi, scientifique dans l'âme et femme de foi engagée.

135. Romains 1.20

CONCLUSION

Je suis une jeune femme à l'aube de la cinquantaine (chaque jour compte avant de franchir le cap des cinquante ans !), une femme de science, mariée et mère de deux enfants. Je fais un métier qui me passionne et me permet de voyager aux quatre coins de la francophonie. J'ai été élevée par des parents exceptionnels. Ils m'ont donné beaucoup d'amour et ce qu'il y a de meilleur. J'ai grandi dans un milieu bien nanti, mon père est médecin et ma mère était infirmière. Très tôt, mes deux parents ont su me communiquer cette passion pour chercher, trouver et soigner. Mon père est un médecin de vocation, il fait partie de ces personnes qui sont dévouées aux malades. J'ai consacré plusieurs années de ma vie à lire et à écrire, à apprendre afin de comprendre. J'ai passé des heures et des heures dans les universités et laboratoires à chercher pour enfin trouver ; trouver des réponses, des solutions, des mécanismes d'actions, des voies de signalisation et beaucoup de subventions (tous les scientifiques de ce monde comprendront !).

Je me considère comme une femme choyée par la vie, une femme accomplie. Pourtant, je vous surprendrais peut-être si je vous confiais que malgré tous ces accomplissements, ma plus grande découverte a été de *Le connaitre*. Penser que la foi en Dieu est le lot des faibles, une sorte de béquille pour les simples ou les pauvres d'esprit, c'est un mythe. Nous croyons tous en quelque chose ; au destin, en nous-mêmes, en l'astrologie, en la réincarnation, en la méditation, en la science ou en un être suprême. Nous avons tous soif de vérité et nous sommes tous en quête de bonheur et de contentement. Les fondements de nos croyances diffèrent peut-être selon ce que nous avons connu ou entendu, mais nous avons tous les mêmes questions et avons tous besoin de croire en quelque chose de plus grand que nous-mêmes. Quelque chose ou quelqu'un qui sache répondre à nos questions, nous guider, donner un sens à notre vie et à notre mort. Le philosophe, mathématicien et physicien français **Blaise Pascal** résume bien cette pensée en déclarant qu'« il y a dans le cœur de chaque homme un vide en forme de Dieu ».

Malgré une vie d'abondance matérielle et émotionnelle, j'ai réalisé que le vrai bonheur me manquait. Tout ce que j'étais ou ce que j'avais ne pouvaient me combler. Bien qu'étant cartésienne et dotée d'un esprit logique, j'ai dû faire face au fait que l'intelligence sans la plénitude de l'âme et du cœur est somme toute superficielle. Pour combler ce vide, j'ai dû laisser mes préjugés à la porte de mes réflexions. Je me posais beaucoup de questions sur le sens de la vie, sur son origine et sur notre présence sur la Terre. Jusqu'au jour où j'en suis venue à cette conclusion : Et si c'était Dieu ? Et s'il y avait un Dieu responsable de tout cela ? Avec toute la connaissance scientifique que j'étais en train d'acquérir, j'étais certaine que nous ne pouvions être issus du chaos. C'était trop parfait, trop précis. Tout cela devait avoir été orchestré par quelque chose ou quelqu'un. C'est alors que j'osai croire en Dieu. Comme j'étudiais la science, je décidai « d'étudier » Dieu. Je voulais véritablement le connaître.

À la lecture de la Bible, je découvris que Dieu est le grand créateur, que c'est lui le grand architecte de l'Univers et de toute la nature[136], mais qu'il est aussi un Dieu d'amour. Il n'est pas loin ni distant, mais c'est un Dieu personnel et aimant. Dans son Évangile, Jean écrit que Dieu nous aime tellement qu'il s'est incarné en Jésus-Christ, prenant la forme d'un homme afin que nous puissions être en relation avec lui.

Le **Dr Charles Swindoll,** auteur de plus de 70 ouvrages de théologie, explique comment, dans le premier chapitre de son évangile, l'apôtre Jean nous présente la véritable origine de Jésus :

> « Les paroles d'ouverture de son récit font référence à une époque antérieure à Genèse 1.1. Il nous dit, en effet, que dès le commencement, avant que Dieu ne crée les cieux et la terre, la Parole existait déjà. Le texte grec dit littéralement : *Dès commencement, était*

136. Genèse 1

la Parole[137]. Dans ce verset, le mot "Parole" vient du grec *logos*, qui revêtait une importance particulièrement significative pour les philosophes de l'époque de Jésus. *Logos* fut un terme inventé par Héraclite, près de 500 ans avant Jésus-Christ, et n'a cessé de s'étoffer jusqu'à devenir un principe religieux universel et cosmique. Dans l'école philosophique de la Grèce antique, fondée par Zénon de Cition (301 av. J.-C.), le mot *logos* exprime la nature ordonnée du cosmos, orientée de façon téléologique. Elle peut donc être assimilée à Dieu et à la puissance cosmique de la raison dont le monde matériel est une vaste manifestation... L'apôtre Jean emprunta ce concept du *logos* pour lui donner une nouvelle signification en tant que surnom du fils du Dieu. Dans son application, il rédigea ses phrases avec beaucoup d'attention en écrivant littéralement : *Dès commencement était le logos*, et non pas, *Dès le commencement*. En laissant de côté l'article défini "le", Jean suggère que nous ne pouvons pas identifier un moment passé que nous pourrions appeler "commencement". Il indique quelque chose qui existait avant l'éternité passée, au-delà de ce que nos esprits finis sont à même de concevoir. Cela signifie qu'avant la création de la terre, des planètes et des étoiles, de la lumière et de l'obscurité, de la matière et du temps, le *logos* existait déjà. Le *logos* n'a pas eu de "point de départ". Existant éternellement, le *logos* était avec Dieu et le *logos* était Dieu. Ensuite, Jean a écrit quelque chose de vraiment

137. Jean 1.1

remarquable : *Et la parole a été faite chair, et elle a habité parmi nous, pleine de grâce et de vérité ; et nous avons contemplé sa gloire, une gloire comme la gloire du fils unique venu de Père*[138]. En d'autres termes, Dieu est devenu un homme ![139] »

Dans l'épitre aux Colossiens, l'apôtre Paul affirme que *Jésus est l'image du Dieu invisible*[140] et qu'*en lui habite corporellement toute la plénitude de sa divinité*[141]. L'auteur de l'épitre aux Hébreux, quant à lui, atteste que *Jésus est le reflet de la gloire de Dieu et l'empreinte de sa personne*[142].

De plus, la Bible nous enseigne que Jésus-Christ est venu sur la terre parce qu'il nous aime et pour que nous soyons réconciliés avec Dieu. C'est d'ailleurs pour cette raison qu'il s'est sacrifié pour l'humanité. Son pouvoir de création est aussi grand que son amour pour nous ! L'amour de Dieu est parfait, sans limites et inconditionnel. Nous sommes aimés pour qui nous sommes et non pour ce que nous faisons… ou ne faisons pas. Il nous aime et nous accepte tels que nous sommes. Un tel sentiment est si grand et si profond ! Il comble tous les vides du cœur.

Dieu a encore plus à nous offrir. Dans son amour, il désire nous donner une vie riche, satisfaisante et abondante[143]. Il

138. Jean 1.14
139. Swindoll, 2012
140. Colossiens 1.15
141. Colossien 2.9
142. Hébreux 1.3
143. Jean 10.10

a une destinée pour chacun. Il a des rêves et des aspirations pour tous. Dans le livre de Jérémie, il est écrit : *Car je connais les projets que j'ai formés sur vous, dit l'Éternel, projets de paix et non de malheur, afin de vous donner un avenir et de l`espérance...*[144]

Ce passage des Écritures a été une révélation pour moi et m'a menée à une réelle prise de conscience. En fait, lorsque j'étais enfant et que j'allais à l'église avec mes parents, je trouvais cela très ennuyeux et lassant. À mes yeux, les personnes religieuses avaient une vie fastidieuse et insipide, pleine de restrictions et de lois auxquelles se soumettre. Or, j'avais tellement de rêves et de projets à réaliser que je me disais que la religion n'était pas pour moi. J'avais raison et tort à la fois. La religion apporte peu, mais une relation authentique et intime avec Dieu nous remplit d'amour, de paix, d'espoir, de joie de vivre, et nous offre une vie riche et épanouie.

Aujourd'hui, je suis convaincue que ma vie a un sens et que je ne suis pas seule lorsque je marche sur le chemin de la vie. Cela pourrait vous sembler quelque peu ésotérique, mais lorsque je traversais les moments les plus difficiles de ma vie professionnelle, et surtout personnelle, lorsque j'ai eu à faire face à la maladie et à la mort de personnes qui me sont chères, j'ai pu traverser ces tempêtes en toute sérénité car je savais que le créateur de l'Univers et de la vie, celui qui a façonné si parfaitement l'infiniment petit et l'infiniment grand, marchait à mes côtés. Quel sentiment,

144. Jérémie 29.11

quelle paix et quel privilège ! Aucune connaissance, aucun raisonnement, aucune théorie ne procure cette plénitude.

Cher lecteur, je souhaite que ce livre vous aura ouvert des pistes de réflexion, et j'ose même espérer des réponses à certains de vos questionnements. Mon plus cher désir et ma prière pour vous est que vos *Est-il possible*... :

- Que la science et la foi ne soient pas en opposition ?
- Que la théorie du Big Bang soit compatible avec ce qu'enseigne la Bible ?
- Que d'autres formes de vie existent dans l'Univers ?
- Que la théorie de l'évolution mette en lumière l'œuvre d'un être suprême ?
- Que l'apparition de la vie sur Terre émane d'une intervention divine ?

... convergent vers un *Et s'il était possible*... qu'un grand Dieu créateur de l'univers, architecte de la vie, ait tout créé dans notre intérêt parce qu'il nous aime, parce qu'il a une destinée pour chacun de nous et parce qu'il désire entrer en relation avec nous ? Pour ma part, j'en ai la certitude. Et vous, cher lecteur ? Je vous le souhaite ardemment...

NOTES

Chapitre 1

1. King, M. L., *Création*. Récupéré sur Centre de Ressources Bibliques Croixsens.net : http://www.croixsens.net/creation/king.php
2. Strobel, L. (2004). *The Case for a Creator.* Grand Rapids, Michigan : Zondervan.
3. *NationalAeronautics and SpaceAdministration*
4. *Opcit.*, Strobel, L.,(2004), *traduction libre.*
5. *Ibid.*
6. Mulfinger, G. a. (2004). *Christian Men of Science.* (L. Ambassador Publications, Éd.) Ambassador Emerald International.
7. Lennox, J. C. (2011). *Gunning for God.* Oxford : Lion Hudson.
8. *Intergovernmental Panel for Climate Change (IPCC)*
9. Romains 1.20

10. Eugénisme : *Théorie cherchant à opérer une sélection sur les collectivités humaines à partir des lois de la génétique.* Tiré du *dictionnaire français Larousse.*

11. Johnson, P. E. (2003). *Le darwinisme en question : science ou métaphysique ?* Traduit de l'américain et préfacé par Laurent Guyénot. Postface du Dr. Anne Dambricourt-Malassé. Deuxième édition revue et augmentée. Récupéré sur Persee. http://www.persee.fr/web/revues/home/prescript/article/phlou_0035-3841_2003_num_101_2_7495_t1_0340_0000_1

12. Formule de la force gravitationnelle : $\frac{G M_1 m_2 G M}{r^2}$

13. *Science et foi.* Récupéré sur http://www.scienceetfoi.com/File/Doc/3godofthegaps.pdf

14. Lennox, J. C. (2011). *Seven days that divide the world : The beginning according to Genesis and Science.* Zondervan, *traduction libre*

15. *Ibid.*

Chapitre 2

16. Graham, B. (1997). *Personal Thoughts of a Public Man.* Chariot Victor Pub.

17. *Opcit.* Lennox, J. C. (2011), *traduction libre.*

18. Kuen, A. (2005). *Le labyrinthe des origines.* Saint-Légier : Éditions Emmaüs.

19. La Bible, Genèse 1.1-27

20. *Opcit.* Kuen, 2005

21. *Ibid.*

22. *Traduction libre*

23. Opcit. Lennox, J. C. (2011), *traduction libre.*
24. Opcit. Kuen, 2005
25. Opcit. Lennox, J. C. (2011), *traduction libre.*
26. *Ibid.*
27. Opcit. Kuen, 2005
28. *Dont The Cosmological Argument from Plato to Leibniz (1980), Theism, Atheism, and Big Bang Cosmology (avec Quentin Smith), 1993, Philosophical Foundations for a Christian Worldview (avec J.P. Moreland), 2003 et Reasonable Faith: Christian Truth and Apologetics,* 3e édition, *2008.*
29. Genèse 1.1-2
30. Opcit. Lennox, J. C. (2011), *traduction libre.*
31. *Traduction libre: Une courte histoire qui résume presque tout.*
32. Opcit. Lennox, J. C. (2011), *traduction libre*
33. Opcit. Kuen, 2005
34. Wikipedia
35. La recherche des origines. (mai 1997). *Sciences et vie.*
36. Lonchamp, J.-P. (1991). *La Création du monde.* Desclée De Brouwer
37. Romains 1.20
38. Hébreux 11.3
39. Opcit., Strobel, L.,(2004), *traduction libre.*
40. AAS – *Union américaine d'astronomie*
41. Opcit., Strobel, L.,(2004), *traduction libre.*

Chapitre 3

42. *Nous ne sommes pas seuls!* (Août 2012). Science et Vie.
43. *Ibid.*
44. *Ibid.*
45. *Ibid.*
46. *Ibid.*
47. *Ibid.*
48. Ross, H. (2003). *Dieu et le cosmos.* Québec: Éditions la Clairière 3.
49. *Voir chapitre 2*
50. *Ibid.*
51. *Voir chapitre 2*
52. *Voir chapitre 2*
53. Opcit. Ross H., 2003
54. *Ibid.*
55. *Ibid.*
56. *Ibid.*
57. *Ibid.*
58. *Association pour l'avancement des sciences*
59. *Association des femmes de science*
60. Opcit. Kuen, 2005
61. *Le principe anthropique (du grec anthropos), homme est le nom donné à l'ensemble des considérations qui visent* à évaluer *les conséquences de l'existence de l'humanité sur la nature des lois de la physique et de la biologie; l'idée*

générale étant *de dire que l'existence même de l'humanité (ou plus généralement, de la vie) permet de faire certaines déductions sur les lois de la physique, à savoir que celles-ci sont nécessairement telles qu'elles permettent à la vie d'apparaître. En effet, les lois de la physique sont sujettes à un nombre* étonnamment *important d'ajustements fins sans les- quels l'émergence de structures biologiques complexes n'aurait jamais pu apparaître dans l'univers.* (source : http://fr.wikipedia.org/wiki/Principe_anthropique)

62. *Opcit.* Kuen, 2005
63. *Ibid.*
64. *Ibid.*
65. *Cosmic Voyage, http://www.youtube.com/ watch?v= qxXf7AJZ73A.*
66. Psaumes 19.2
67. Psaumes 8.2
68. Psaumes121.2
69. Ésaïe 40.26-31
70. Psaumes 147.4
71. Psaumes 139.16
72. Ésaïe 40.11-12
73. Ross, D. H. (1990). *Hugh Ross' Testimony.* Récupéré sur Reasons to Believe : http://www.reasons.org/articles/hugh-ross-testimony, résumé *et traduction libre*
74. Collins, F. S. (2006). *The language of God.* New York : Free Press, *traduction libre.*

Chapitre 4

75. *Un arbre phylogénétique est un arbre schématique qui montre les relations de parentés entre des groupes d'êtres vivants. Chacun des nœuds de l'arbre représente l'ancêtre commun de ses descendants; le nom qu'il porte est celui du clade formé des groupes frères qui lui appartiennent, non celui de l'ancêtre qui reste impossible à déterminer. L'arbre peut* être *enraciné ou pas, selon qu'on est parvenu à identifier l'ancêtre commun à toutes les feuilles. Charles Darwin fut un des premiers scientifiques à proposer une histoire des espèces représentée sous la forme d'un arbre.* Source: http://fr.wikipedia.org/wiki/ Arbre_phylog%C3%A9n%C3%A9tique
76. *Opcit.* Collins F. S., 2006, *traduction libre.*
77. Darwin, C. (1859). *De L'origine des espèces.* (A. S. John Murray, Éd.) London: Bibebook
78. *Ibid.*
79. *Opcit.* Collins F. S., 2006, *traduction libre*
80. *Doctrine selon laquelle Dieu est le créateur de l'Univers*
81. Dictionnaire français Larousse
82. Wilkinson, P. (2009, November). Dawkins: Evangelist an 'idiot' on evolution. Récupéré sur http://www.cnn.com/2009/TECH/science/11/25/darwin.dawkins.evolution/
83. Hatton, T. J. (2011). Taille croissante des humains: Timothy J. Hatton, How have Europeans grown so tall? *Vox, Research-based policy analysis and commentary from leading economists*
84. Ross, H. (2003). *Dieu et le cosmos.* Québec: Éditions la Clairière 3.
85. *Ibid.*

86. *Ibid.*
87. *Ibid.*
88. *Ibid.*
89. D'où vient la vie ? (Février – mars 2013). *Les dossiers de La Recherche – Les origines de la vie, N°2*
90. Hole, J. (1998, May 23). *Francis Collins Interview – Cracking the code to life.* Récupéré sur Academy of Achievement : http://www.achievement.org/autodoc/page/col1int-1, *traduction libre*
91. *Medal of Freedom*
92. *Opcit.* Hole, 1998, *traduction libre*
93. Collins, F. Récupéré sur The Question of God : http://www.pbs.org/wgbh/questionofgod/voices/collins.html, *traduction libre*
94. *Opcit.* Hole, 1998, *traduction libre*

Chapitre 5

95. Puente, J.-C. *Le cerveau.* Récupéré sur http://jeanclaude.puente.free.fr/Nature_Rouages/RouagesCerveau.php
96. *La génération spontanée.* (s.d.). Récupéré sur De l'origine de la vie à la vie extraterrestre : http://exobio.chez-alice.fr/generation-spontanee.htm
97. *Opcit.* Puente
98. Théodule, M.-L. M.-C. (Février 2013). Des scénarios pour les briques du vivant. *Les dossiers de La Recherche, N° 2.*
99. Grousson, M. (Décembre 2008). Le début de l'histoire est-il perdu à jamais, les Origines de la vie. N° 245

100. Barnéoud, L. (2013). L'hypothèse de la « soupe primitive » revisitée. *La Recherche – L'actualité des sciences.*

101. D'où vient la vie ? (Février – mars 2013). *Les dossiers de La Recherche – Les origines de la vie*(N°2).

102. *Ibid.*

103. *Opcit.* Barnéoud, 2013

104. *Ibid.*

105. *Opcit.* Grousson, Décembre 2008.

106. *Opcit.* Collins F. S., 2006, *traduction libre*

107. Westhof, É. (11 octobre 2011). *Séance solennelle de l'Académie des sciences – Discours des nouveaux Membres sous la coupole de l'Institut de France.* Récupéré sur Institut de France-Académies des Sciences : http://www.academie-sciences.fr/academie/membre/s111011_westhof.pdf

108. *Opcit.* Collins F. S., 2006, *traduction libre*

109. *Opcit.* Grousson, Décembre 2008

110. *Opcit.*Théodule, Février 2013

111. Frankowski, N. (Réalisateur). (2008). *Expelled* [Film].

112. *Opcit.* Strobel, 2004, *traduction libre*

113. Romains 4.17 ; 1 Timothée 6.13

114. Denton, M. (1985). *Evolution : A Theory in Crisis.* Burnett Books 5

115. *Opcit.* Kuen, 2005

116. Salisbury, F. B. (Septembre 1971). *Doubts about the Modern Synthetic Theory of Evolution.* American Biology Teacher.

117. Un ion est une espèce chimique électriquement chargée.

118. Fluide interstitiel ou interstitium a une composition ionique proche de celle du plasma sanguin. Le liquide interstitiel remplit l'espace entre les capillaires sanguins et les cellules. Il facilite les échanges de nutriments et de déchets entre ceux-ci.

119. La concentration en calcium libre dans le liquide extracellulaire est maintenue dans des limites étroites par une régulation rigoureuse appelée homéostasie calcique.

120. Sécrétion exocrine et endocrine : Une glande exocrine est une glande qui sécrète des substances des- tinées à être expulsées dans le milieu extérieur de l'organisme, c'est-à-dire de la peau, du tube digestif ou de l'arbre respiratoire. Les glandes exocrines délivrent leur sécrétion par l'intermédiaire d'un canal excréteur (glande sudoripare : sécrètent la transpiration, glande mammaire : sécrètent le lait). Cela les distingue des glandes endocrines qui libèrent directement leurs sécrétions dans la circulation sanguine au niveau des capillaires sanguins.

121. Glucogénèse : Production du glucose par le foie.

122. Glucogénolyse : ensemble de réactions d'hydrolyses qui vont transformer la très grande molécule de glycogène en de nombreuses petites molécules de glucose qui vont pouvoir passer dans le sang et éviter ainsi l'hypoglycémie.

123. Électrolyte : Un électrolyte est une substance conductrice, car elle contient des ions mobiles.

124. *Opcit*. Barnéoud, 2013

125. *Opcit*. Puente

126. *Le cerveau à tous les niveaux*. Récupéré sur http://lecerveau.mcgill.ca/

127. *Opcit.* Puente

128. *Opcit. Le cerveau à tous les niveaux*

129. *Opcit.* Puente

130. *Opcit. Le cerveau à tous les niveaux*

131. *Opcit.* Collins F. S., 2006, *traduction libre.*

132. http://www.surenmanvelyan.com/eyes/ your-beautiful-eyes/

133. Science et Vie, (2012). *Les 100 merveilles de la vie.* Montrouge : Mondadori France.

134. William Paley, R. L. (1818). *Natural Theology on Evidence and Attributes of Deity.* Edinburg, U.K : 18th ed.

135. Romains 1.20

Conclusion

136. Genèse 1

137. Jean 1.1

138. Jean 1.14

139. Swindoll, C. (2012). *Jésus, la vie la plus exaltante de toutes. Québec, Canada* : Éditions Ministère Multilingue International

140. Colossiens 1.15

141. Colossiens 2.9

142. Hébreux 1.3

143. Jean 10.10

144. Jérémie 29.11

SR
STÉPHANIEREADER